普通高等教育"十二五"艺术设计类专业规划教材

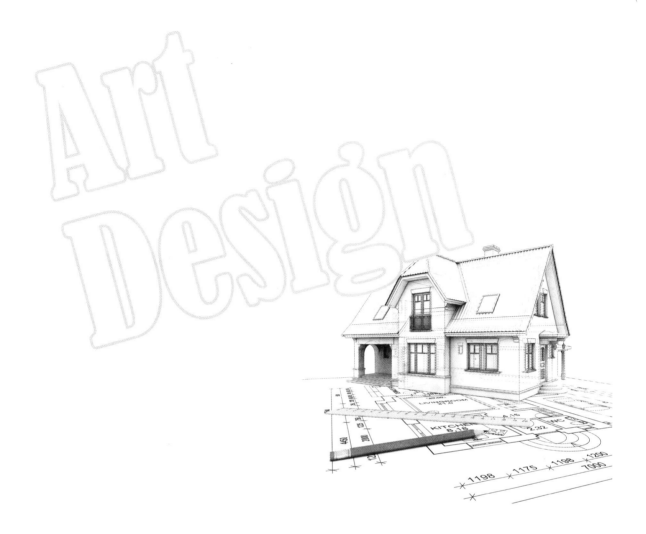

景观效果图与手绘

主　编　车俊英

副主编　海　妙

U0282235

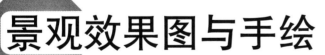

西安交通大学出版社

XI'AN JIAOTONG UNIVERSITY PRESS

内 容 提 要

本书以"不会操作软件读者的感受"为写作的出发点，以"实践中不常用技法不展开"为宗旨，详细讲述了SketchUp在园林景观设计中的实践方法和技巧。本书分为四章，分别是SketchUp初识、彩绘大师（Piranesi）效果图手绘处理软件要点集锦、Lumion景观设计案例运用、EDUIS 6安装及小视频的简单制作。

本书采用软件操作基础知识与实例相结合的方式进行讲解，实践性较强，适用作为艺术设计专业学生的教材，也可作为急于快速入门学习者的参考用书。

前 言
Foreword

本书以"不会操作软件读者的感受"为写作的出发点,以"实践中不常用技法不展开"为宗旨,详细讲述了 SketchUp 在园林景观设计中的实践方法和技巧。本书采用软件操作基础知识与实例相结合的方式进行讲解,书中不仅详尽地介绍了软件的快速操作方法,并且把难点、重点单独列出进行讲解,提高了读者快速入门的可能,读者可以按部就班地学习,也可以直接进入实例部分学习,因此实践性较强,适用于急于快速入门的学习者。

另外,本书在建模过程中加入了一些提高工作效率的经验和技巧,非常适合各类园林景观设计人员以及广大 SketchUp 的使用者和爱好者作为参考书,也可以作为园林景观专业教材。

本书由兰州文理学院美术学院专任教师车俊英任主编并统稿,甘肃政法学院艺术学院专任教师海妙为副主编。书中章节中前言、第 1 章、第 2 章、第 3 章由兰州文理学院车俊英完成,第 4 章由甘肃政法学院海妙完成。整个书稿写作过程中,甘肃政法学院艺术学院副院长许林作为参编带领陈乐、尹娜娜全程参与整理资料,协助修改,完善写作,给予了大力支持,一并表示感谢。

由于软件教材技法的复杂性以及因人而异的操作特征,给编辑写作工作带来了挑战,作者力图做到完备准确,但因个人水平、学养的局限,错误在所难免,不当之处,恳请批评指正。

车俊英

2014 年于北京

目 录
Contents

绪　论

1. 景观效果图软件设计的趋势

景观效果图的设计从最初的手绘效果图到借助软件设计制作效果图,已经实现了效果图计算机辅助设计的跨越,这极大地促进了设计方案形象、逼真的可视化展示。景观效果图设计软件的使用从最初的 3dmax 发展到了 SketchUp,SketchUp 的使用为景观设计师高效、快速、直观地推演设计方案提供了可能,把景观设计师从繁重的电脑设计任务中解放了出来,同时降低了对设计师电脑配置的要求。

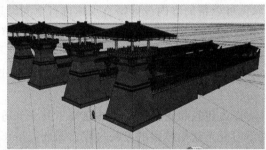

2. SketchUp 的特点与应用范围

SketchUp 是一款极受欢迎且容易操作的三维景观软件,有"设计师铅笔"的雅称。最初由美国著名的建筑软件开发商@Last Software 出品,现已被 Google 收购。

SketchUp 软件具有以下特色:

(1)界面简洁,易学易用,命令极少,完全避免了其他各类设计软件的复杂性。

(2)直接面向设计过程,使得设计师可以直接在电脑上进行十分直观的构思,随着构思的不断清晰,细节不断增加,最终形成的模型可以直接交给其他具备高级渲染能力的软件进行最终渲染。这样,设计师可以最大限度地控制设计成果的准确性。

(3)直接针对建筑设计和景观设计。设计过程的任何阶段都可以作为直观的三维成品,甚至可以模拟手绘草图的效果,完全解决了及时与业主交流的问题。

(4)完备的兼容性。其模型可以十分方便地导出到其他三维软件。

(5)在软件内可以为表面赋予材质、贴图,并且有 2D、3D 配景,使得设计过程的交流完全可行。

（6）可以非常方便地生成任何方向的剖面并可以形成可供演示的剖面动画。

（7）准确定位的阴影。可以设定建筑所在的城市、时间，并可以实时分析阴影，形成阴影的演示动画。

（8）完整的定制可能。所有命令都可以定义快捷键，使得工作流程十分流畅。

（9）惊人简单的漫游动画制作流程，只需确定关键帧页面，动画自动实时演示，设计师与客户交流就成为极其便捷的事情。

（10）便捷一键的虚拟现实漫游，和玩 3D 游戏一样给客户演示、交流，轻松分析空间、流线建筑设计。

（11）不断更新、改进的渲染器弥补了原有软件渲染图像效果不佳的弊端。

SketchUp 软件适用以下人群：

（1）景观设计师。主要针对景观设计师，尤其是景观设计方案的推演阶段以及方案效果的展示。

（2）室内设计师。本软件可以帮助室内设计师直观地进行空间设计。

（3）建筑院系师生。十分便于师生之间的设计过程交流，因此对设计教学有着很大的意义。

（4）效果图及动画公司的从业人员。由于 SketchUp 生成的模型非常精简，便于制作大型场景及虚拟现实场景。

（5）爱好者。SketchUp 作为建筑和景观效果图的建模工具十分适合，并且极其容易掌握，避免了初学者用其他软件学习复杂建模技术的漫长过程。因此，SketchUp 是第一批面向专业方案设计师的专业实用软件之一。

第1章　SketchUp 初识

1.1　进入友好界面

(1)双击桌面  图标或者"开始"菜单中 SketchUp，进入软件，如图 1-1 所示。

图 1-1

技术要点：在第一次进入软件时要进行软件模板的设置。以后将不进行软件模板的设置，除非重新安装系统或者安装软件。

(2)模板的设置在本书中采用建筑设计—毫米模板，有助于准确地进行景观设计，如图 1-2所示。

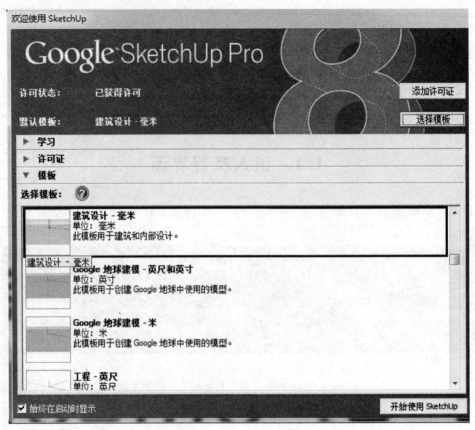

图 1-2

(3)进入软件界面,如图1-3所示。

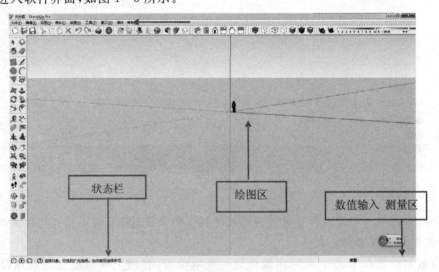

图 1-3

1.2　软件界面的优化设置

（1）菜单栏包含文件、编辑、视图、镜头、绘图、工具、窗口、插件、帮助九项，因翻译不同可能显示不同。其下分别有子菜单，如图 1-4 所示。

文件(F)　编辑(E)　视图(V)　镜头(C)　绘图(R)　工具(T)　窗口(W)　插件　帮助(H)

图 1-4

（2）进行软件界面的整理设置。点选视图菜单栏中工具栏（标准、视图、阴影、样式），如图 1-5 所示。

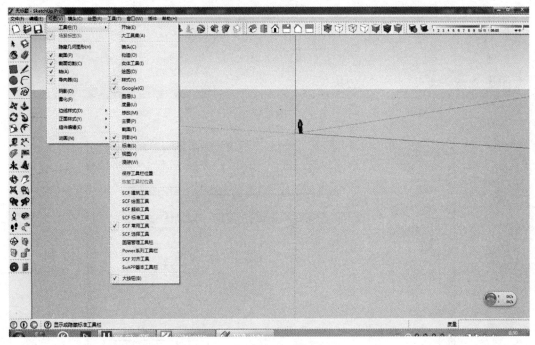

图 1-5

技术要点：标准、视图、阴影、样式显示基本能满足初学者的需要，其他子菜单，尤其"插件项"会导致界面混乱，容易形成干扰。

（3）导入快捷键。点击菜单栏中"窗口"菜单，选择其下"偏好设置"或者"使用偏好"或"系统属性"，因翻译不同导致显示不同，如图 1-6 和图 1-7 所示。

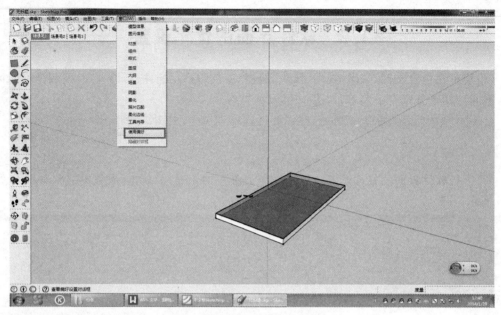

图 1-6

图 1-7

　　技术要点：过滤器能够帮助学习者快速找到要自定义快捷键项，提高设置快捷键效率。快捷键的设置步骤分为三种：①如已有快捷键，先点选"已制定"中快捷键字母，然后点击右边"减号"删除，随后在"添加快捷方式"下方输入新的快捷键，点击右边"加号"添加，点"确定"完成；②如默认设置中没有快捷键，直接在"添加快捷方式"下方，输入快捷键，点击右边"加号"，点"确定"完成；③如已经设置的快捷键需要重新设置，点击"全部重置"，回到默认设置。

　　（4）加速硬件。点击系统属性中最上边 OpenGL，在 OpenGL 设置中点选"使用硬件加速"提高硬件加速性能（OpenGL 是一个开放的三维图形软件包，它独立于窗口系统和操作系统，以它为基础开发的应用程序可以十分方便地在各种平台间移植），如图 1-8 所示。

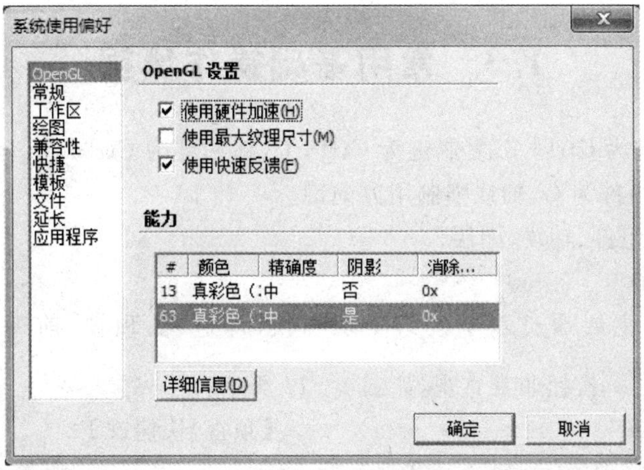

图 1-8

技术要点：勾选"使用最大纹理尺寸"，会使贴图显示比原来清晰。"练习阶段"则没有必要进行，否则会增加电脑运行负荷。

（5）"数值输入区"对于以后在设计中准确定位、准确选择设计尺寸至关重要，初学者要引起关注，如图 1-9 和图 1-10 所示。

图 1-9　　　　　　　　　　　　　　　图 1-10

技术要点：尺寸中间用逗号间隔，然后点击回车键，才能执行命令。如选择矩形工具（快捷键 R），随后在画面任意位置单击一下，松开鼠标，用键盘输入 2000，然后点击回车键，一个精确尺寸正方形就绘制完成，其他如角度、等分、倍数都可以在"数值输入区"准确输入，如图 1-11 所示。

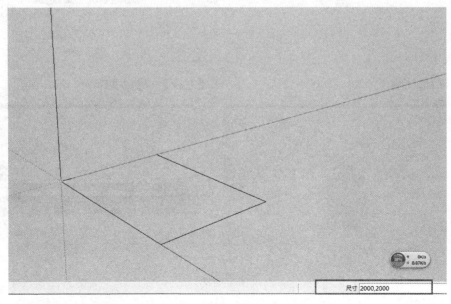

图 1-11

1.3 常用基础操作集锦

撤销或者恢复键为 Ctrl＋Z,复制键为 Ctrl＋C,粘贴键为 Ctrl＋V,全选键为 Ctrl＋A,新建键为 Ctrl＋N,建组件为 G,轴线强制用方向键。

本软件关键词:组件、轴线、图层。

1. 视图快捷操作

(1)视图切换。主要通过六个按钮实现切换,即透视、顶视、前视、右视、后视、左视。

按钮非常直观,如图 1－12 所示。

【透视】快捷键 F8

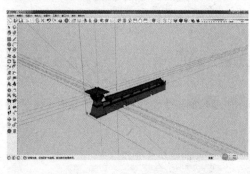

【顶视】快捷键 F2

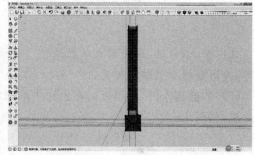

【前视】快捷键 F3

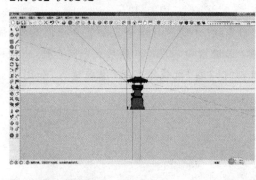

【右视】快捷键 F5

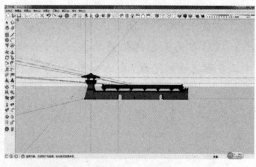

【后视】快捷键 F6

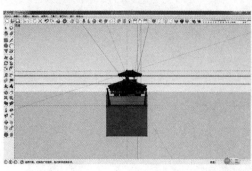

【左视】快捷键 F4

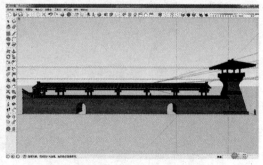

图 1－12

(2)视图旋转,如图1-13(a)所示。

技术要点:在任何工具下,按鼠标中键实现视图旋转操作。鼠标中键按住配合Shift键,转换为抓手工具。因此,上述操作终止了这两个工具 ✋🤚 。

(3)视图缩放,如图1-13(b)所示。

技术要点:①在任何工具下,按鼠标中键滚动实现视图缩放操作;②按Shift+Z充满视窗(找回视窗);③局部放大或缩小按Ctrl+Shift+S;④切换到"上一视图"或"下一视图"分别点选 📷📷 视图逐级切换工具。因此,上述操作终止了这两个工具 📷📷 。

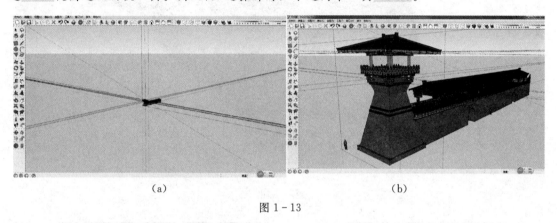

(a)   (b)

图1-13

(4)快速选择。选择工具 ▷ 是使用比较频繁的工具按钮之一,快捷键为空格键,它的使用方法有以下四种。

①点选。

a.单击选择,如图1-14所示。　　　　b.双击选择直接相连的对象,如图1-15所示。

图1-14   图1-15

c.多击3次以上选择所有相关对象,如图1-16所示。

②框选。此方法与AutoCAD框选操作相同,从左向右拖曳鼠标,完整被选框包含的对象,将被选择;从右向左拖曳鼠标,与选框有接触的对象,将被选择。所以,鼠标拖曳的方向与选择结果有至关重要的关系,极大地方便了设计师在复杂的模型中选择出自己想要的对象。

③右键关联选择。点选任意一个对象,在该对象上点击右键,显示选择选项,如图1-17所示。

技术要点:点选 ▷ 选择工具,配合Ctrl键为加选,配合Shift键为加选与减选交替使用,全选为Ctrl+A,"取消选择"为在软件任意空白区域单击。

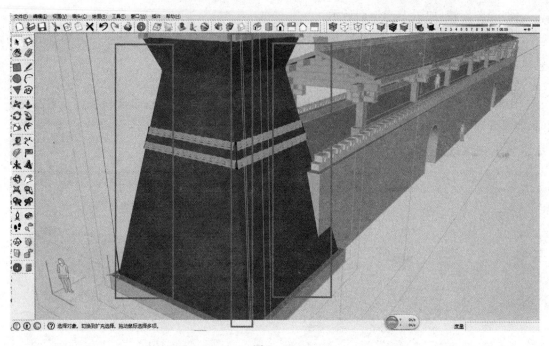

图 1－16

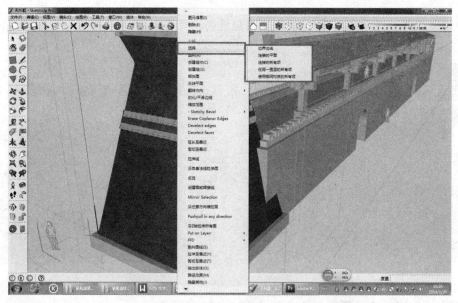

图 1－17

2. 移 动

移动快捷键为 M,将移动工具 放置在需要移动的对象上,拖曳即可实现移动。在实际操作中 有如下功能。

（1）配合快捷键 Ctrl，有移动复制功能，如图 1－18 所示。

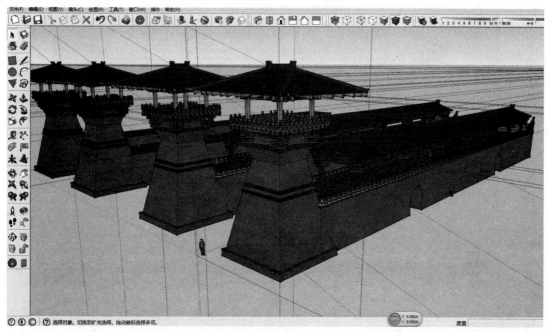

图 1－18

（2）在移动工具 当选前提下，出现"红色十字形"，可以作为"旋转"工具 使用，如图 1－19 和图 1－20 所示。

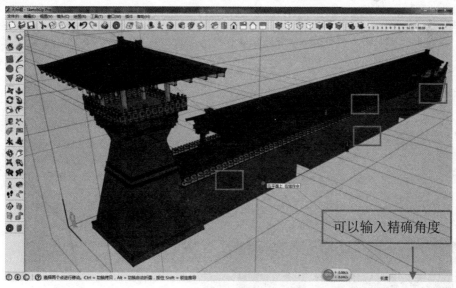

可以输入精确角度

图 1－19

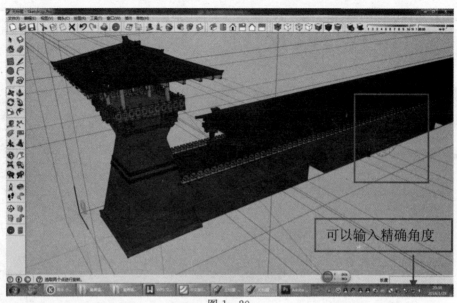

可以输入精确角度

图 1 - 20

技术要点：配合键盘方向键可以强制水平、垂直、前后移动或者复制，方向↑上键表示强制垂直移动或复制（复制时需要先按 Ctrl 进行复制后再按方向键），方向←左键表示强制绿轴前后移动或复制，方向→右键表示强制红轴水平移动或复制。

3. 移动与复制

（1）等距离复制。按照上述方式先复制一个对象，然后在数值输入区输入"数字 X"即可生成等距离复制效果，如图 1 - 21 所示。

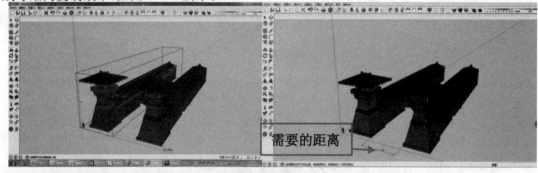

需要的距离

5x

图 1 - 21

（2）等分复制。即在两个对象之间，平均复制。先移动复制两个对象使之具备一定距离，然后在数字输入区输入"数字/"或者"/数字"皆可，如图1-22所示。

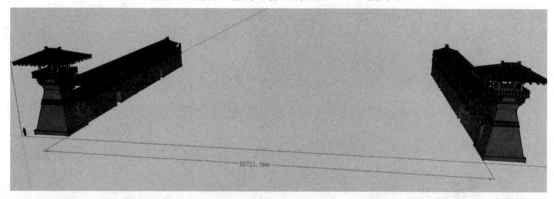

图1-22

技术要点：要想获得准确的复制距离可以在"数字输入区"输入准确的距离；等分复制使用的是左斜线"/"不是右斜线"\"。该方法适合景观中绿植、照明设施、栏杆等需要均等分布对象的复制。

4. 旋转

使用"旋转"工具 （快捷键Q）旋转对象时，鼠标会变成"旋转量角器"，将"旋转量角器"放置在对象表面上或者对象外围的参照轴线上，可以实现"旋转"，当达到需要的角度时鼠标左键单击以确定，如图1-23所示。

具体步骤：先用矩形工具 （快捷键R）画一矩形，然后使用直线工具 （快捷键L）分割矩形，最后使用旋转工具 （快捷键Q）。

技术要点：旋转工具 的使用主要是在要"旋转的对象""当选"的前提下，"旋转参照点"可以在对象外围，不一定要在对象表面旋转。按Ctrl键"旋转复制"一定角度（可以输入准确角度值），然后输入"数字X"。

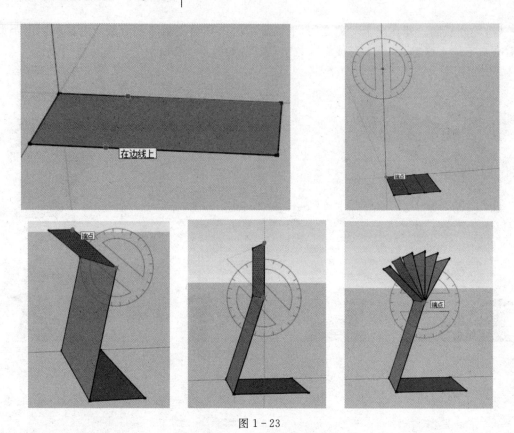

图 1-23

5. 推拉

推拉工具 ![icon](快捷键为 P)，分为以下几种类型。

(1)常规推拉，如图 1-24 所示。

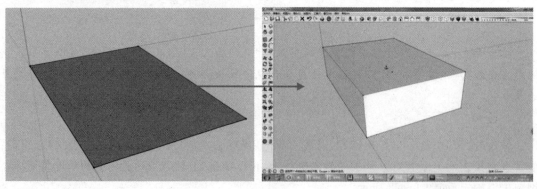

图 1-24

（2）同高度连续推拉，如图 1-25 所示。　　（3）挖空、减损推拉，如图 1-26 所示。

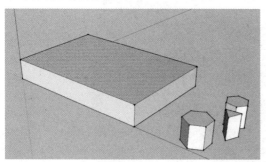 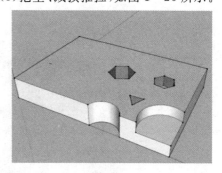

图 1-25　　　　　　　　　　　　　　　图 1-26

（4）强制表面推拉（可以看出左图与右图的区别，右图为强制表面推拉），如图 1-27 所示。

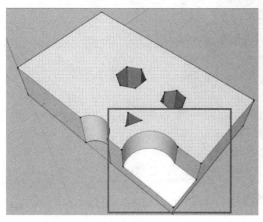 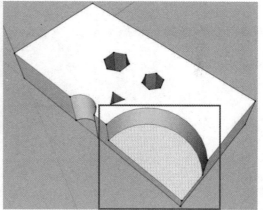

图 1-27

技术要点：①将一个面推拉一定高度后，在另外一个面上双击左键会得到同样高度的推拉；②按 Ctrl 键进行推拉，会生成一个新的面；③具有挖空、减损的功能；④按 Alt 键强制表面推拉。

6. 缩放

（1）缩放快捷键为 S，它具有以下几种类型。

①点击对角线夹点，然后拖曳对角线夹点为等比例的放大或缩小。

②点击对角线夹点，配合 Ctrl 快捷键缩放为以中心放大或缩小。

③点击对角线夹点，然后输入放大或缩小倍数（数字）缩放为成倍数放大或缩小，如图 1-28 所示。

（2）缩放效果。

在某个面上缩放可以形成变形效果，如图 1-29 至图 1-32 所示。

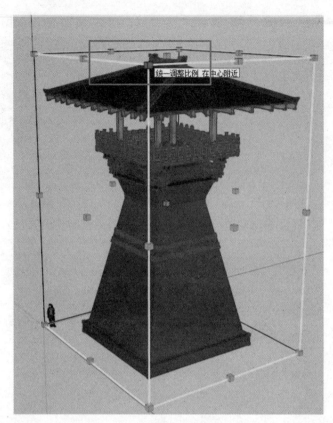

图 1 - 28

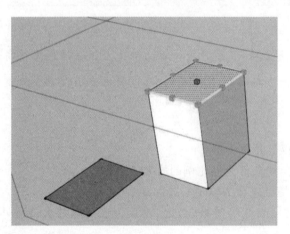

图 1 - 29

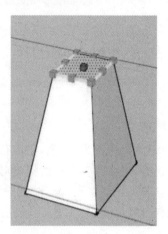

图 1 - 30

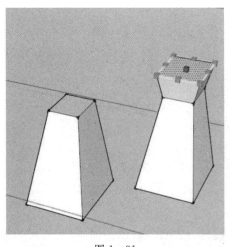
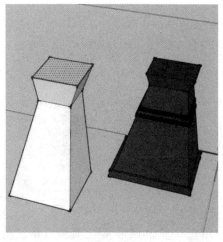

图 1 - 31　　　　　　　　　　　　　图 1 - 32

技术要点：①在长宽高不变情况下，点击任意"夹点"，输入负值－1，可以镜像对象；②用逗号间隔输入三个数值可以实现任意长宽高的多重缩放；③每次必须点击任意一个夹点才能使用 。

7. 跟随路径

跟随路径快捷键为 D ，适合生成不规则、扭曲造型，如图 1 - 33 所示。

(1)跟随路径 必须具备的两个元素，即一个路径（路线），一个路径剖面（断面）。

例如，用圆弧 快捷键 A，画路径。用圆 快捷键 C，画剖面（断面）。调整方向、大小可以使用旋转 (Q)、缩放 (S)、移动 (M)工具。

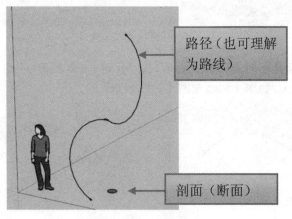

路径（也可理解为路线）

剖面（断面）

图 1 - 33

(2)按 Alt 键，单击剖面（断面），该面会沿着路径自动生成图形，如图 1 - 34 和图 1 - 35 所示。

图 1-34   图 1-35

（3）用直线 和圆形 ⬤ 工具画直角三角形、圆形，按 Alt 键，单击剖面（断面），生成锥形。快捷键分别为 L 和 C，如图 1-36 和图 1-37 所示。

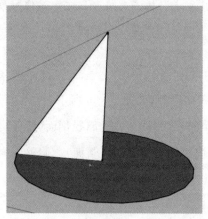

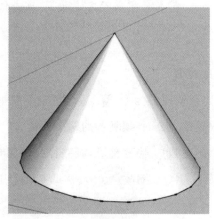

图 1-36   图 1-37

（4）用圆形 ⬤ 工具画不同方向两个圆形，按 Alt 键，单击剖面（断面），生成球体。多击显示球体网格，快捷键为 C，如图 1-38 和图 1-39 所示。

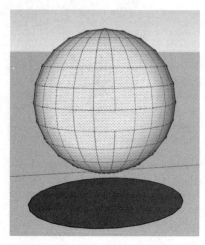

图 1-38   图 1-39

（5）用矩形■快捷键 R，画矩形。用圆弧 ⌒ 快捷键 A 画剖面（断面）。按 Alt 键，单击剖面（断面），生成装饰造型，如图 1-40 和图 1-41 所示。

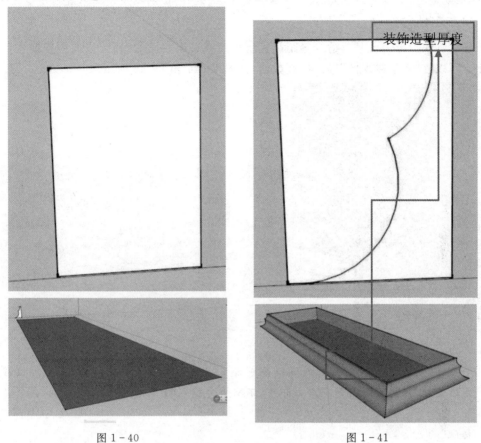

装饰造型厚度

图 1-40　　　　　　　　　　　　　　图 1-41

（6）用矩形■快捷键 R，画矩形。用推拉 ⬆ 拉起，快捷键 P。用圆弧 ⌒，快捷键 A，画剖面（断面）。按 Alt 键，单击剖面（断面），生成装饰造型，如图 1-42 和图 1-43 所示。

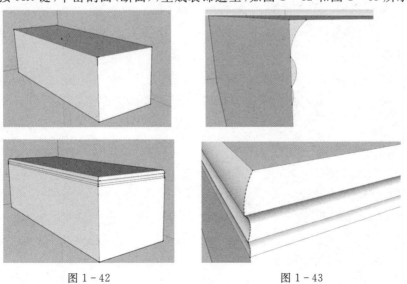

图 1-42　　　　　　　　　　　　　　图 1-43

技术要点:每次使用跟随路径 时先点选路径,然后按 Alt 键点选剖面(断面)执行跟随路径 生成造型,功能近似 3Dmax 中倒角,如护栏、装饰角、别墅屋顶等不规则造型。

8. 偏移复制

偏移复制快捷键为 F ,适合等距离复制表面或一组共面的线,可以向内复制也可以向外复制。可以在"数字输入区"输入准确数值,如图 1-44 和 1-45 所示。

图 1-44

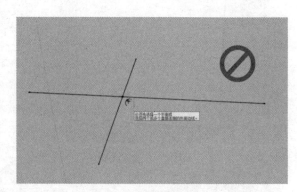

图 1-45

技术要点:①偏移 不对单独的直线条或者十字交叉的直线产生作用;②上次偏移的数值如需连续使用,只需要在画面中双击即可,不需重复输入数值;③每次偏移鼠标会自动找到捕捉点。

9. 标注

标注尺寸 、文字 ,如图 1-46 所示。

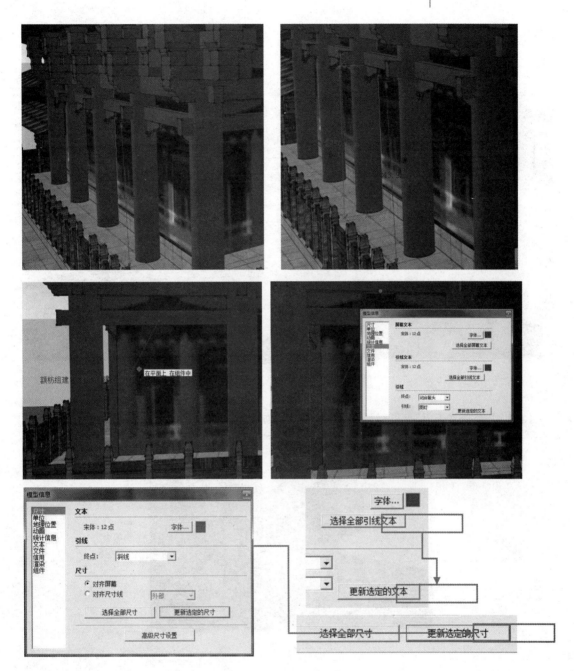

图 1 - 46

技术要点：①标注的修改在菜单栏"窗口"下的"模型信息"中；②直接拖动使用；③单个文本标注手动双击即可修改。

10. 辅助线（导向器）的管理

辅助线（导向器）的管理，即删除快捷键 Ctrl＋Q，隐藏/显现 Ctrl＋H。

辅助线（导向器）的绘制有如下方法：

（1）使用测量工具 只能绘制水平辅助线，如图 1 - 47 所示。

图 1-47

（2）使用量角器工具可以绘制斜向辅助线，如图 1-48 所示。

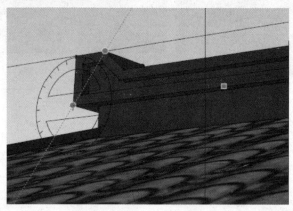

图 1-48

（3）辅助线（导向器）的设置，可采用菜单栏"窗口"下"样式"，如图 1-49 所示。

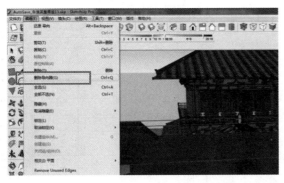

图 1 - 49

技术要点：①测量工具从线一端到另一端拖曳只产生测量功能；②从线的中间任意地方拖动可以拖出辅助线；③在线上双击可以产生跟线水平的辅助线。

11. 图层

图层的使用对于初学者后期分门别类管理大场景中模型的显示或隐藏、保留或删除有很大的好处，应该在学习之始就养成分门别类建图层的习惯。另外，图层的有序隐藏可以提高计算机的运行速度（也就是说可以把暂时不需要显示模型隐藏）。

（1）在菜单栏"视图"下"工具栏"中图层或"菜单栏"窗口下图层点击打开图层面板，如图1 - 50所示。

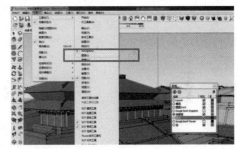

图 1 - 50

（2）在图层的显示与隐藏方面，当选图层不能隐藏，Layer0 为默认图层不能删除，如图1 - 51所示。

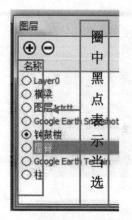
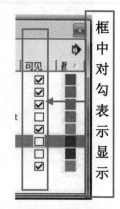

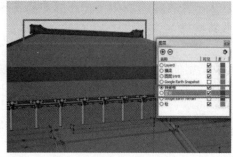
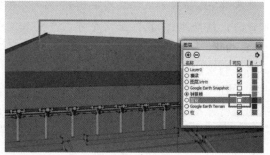

图1-51

（3）使用"图层颜色"快速区分图层上拥有的模型，可提高编辑效率，如图1-52和1-53所示。

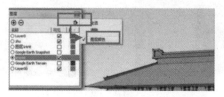

图1-52

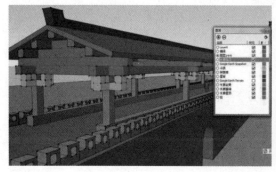
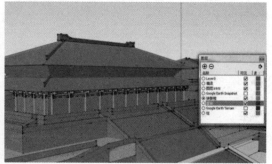

图1-53

技术要点：再次点选"图层颜色"，取消模型以图层颜色的区分功能。

（4）图层的移动能提高对图层分门别类管理的有序化、快速的归类，如图1-54所示。

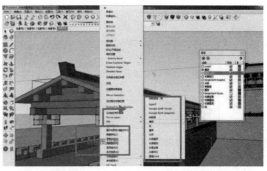

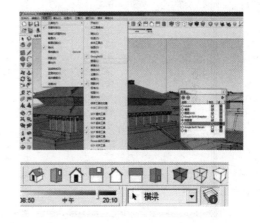

图 1 - 54

技术要点：图层的移动在使用"图层颜色"模式下不一定移动成功就能统一颜色，它具有以下几种方法：①在要移动模型上点击右键，弹出图元信息（实体信息），在图层下拉菜单中直接更换；②在菜单栏"视图"下"工具栏"中点击打开图层面板，直接更换；③点击右键使用插件"切换图层到"，直接更换；④图层移动成功与否可以用隐藏或显示检验。

12. 材质编辑

材质编辑包含材质的赋予与材质的修改两部分。

（1）材质的赋予。其快捷键为 B ⌗。该软件材质的赋予遵循了"所见即所得"的原则，直接点选"材质编辑器"中想要的材质，然后在模型中 ⌗ 单击即可实现。另外，在"填充材质 ⌗"当选前提下，按 Alt 键变为吸管工具拾取材质，如图 1 - 55 和图 1 - 56 所示。

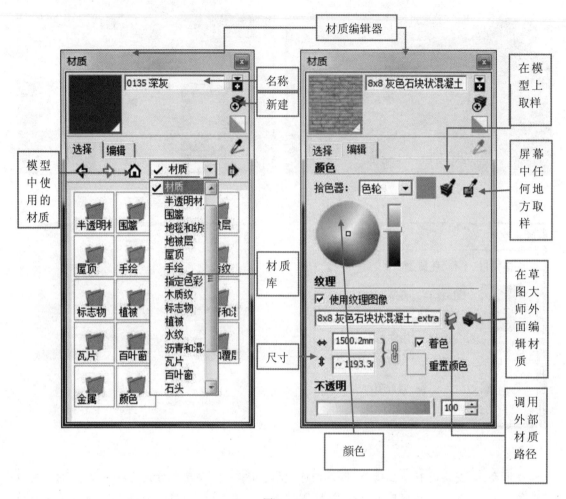

图 1 - 55

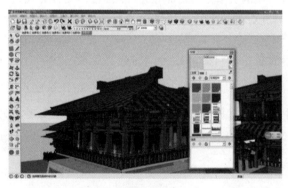

图 1 - 56

技术要点:材质可以在任何一个面上使用,不需要建立复杂的模型就能形成效果,如屋顶瓦片效果为材质贴图填充,不足之处为逊色于建模效果。另外,同一材质在不同模型中的频繁使用,需要通过新建更改名称,否则一改全改。

(2)材质的修改。它包含尺寸大小与任意形态修改两部分。

①尺寸大小的修改参照前面"材质编辑器"的使用。

②"旋转"、"镜像"、"拉伸"等修改需要在修改材质上右键点选"纹理(贴图)"下"位置",如图 1-57 所示。

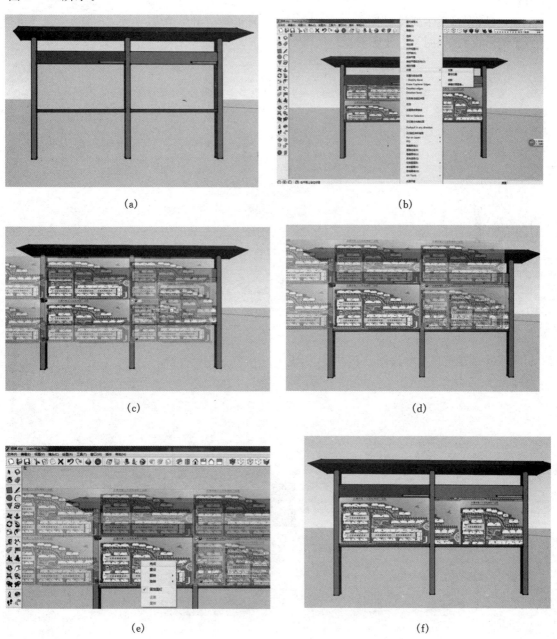

图 1-57

技术要点:①材质和贴图不做严格的区分,在这里认为是相同的。②材质的使用建议使用质量较好的图片(分辨率高),平时多注意收集。③ 为移动别针,可以移动材质的位置; 为缩放旋转别针,可以缩放和旋转材质; 为梯形变形别针,左右、上下拖动可产生透视;为平行四边形别针,上下拖动为等比例缩放,左右拖动产生平行四边形透视。④点击别针可以移动别针的位置,需要仔细观察。⑤正在材质修改途中,点右键可以翻转、旋转、完成等操作。

(3)"投影"材质主要针对弧面、曲面、球面非平直模型的材质编辑。

①调出模型,如图1-58所示。

图1-58

②在欧式建筑模型前面画一长方形,如图1-59和1-60所示。

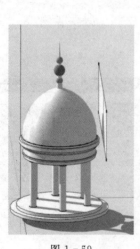

图1-59

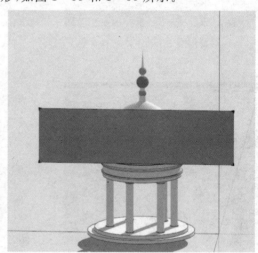

图1-60

③按快捷键B,调出材质面板,点击使用外部材质路径,选择材质并确定,如图1-61所示。

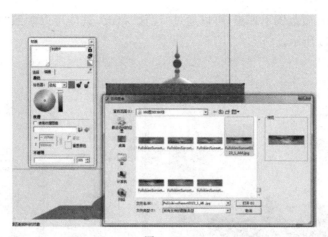

图 1-61

④勾选使用纹理图像,如图 1-62 所示。

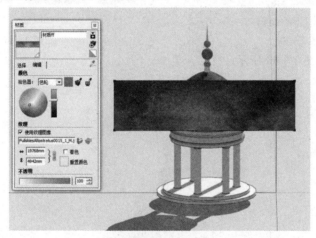

图 1-62

⑤点选长方形材质,然后点击右键,选择"纹理"中"投影",再按 B 快捷键,而后按 Alt 快捷键,吸取长方形材质,吸取完材质放开 Alt,点击圆顶,实现无缝贴材质,如图 1-63 所示。

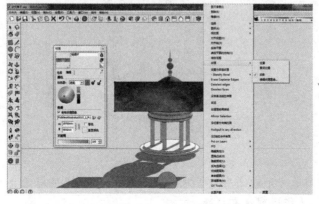

图 1-63

⑥贴完如发现材质范围不理想,可以通过"位置"修改,具体可以参照"材质的修改"章节,如图1-64和1-65所示。

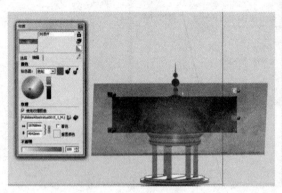

图1-64   图1-65

⑦完成效果,如图1-66所示。

图1-66

技术要点:①材质长方形的高度与所贴模型高度要一致,宽度以适合为主;②材质先吸取完,才能贴到模型上,才能达到没有接缝。

13. 组件

　　组件快捷键为 G。使用组件的好处如下：①组件的使用可以避免初学者建立的模型相互粘连或者难以整体移动的问题；②组件具有关联性，即复制后的组件修改其中一个其他的也产生修改效果；③组件的编辑必须双击进入才能实现，明显特征为该组件以外的图像为灰色显示；④组件要取消"关联性"，在组件上点击右键选择"设置自定项"，方可实现取消。

　　组件的使用原则是每做一个模型，在一开始就创建一个组件。

　　(1)欧式景观亭子的制作。

　　①新建图层基座，使用圆形工具 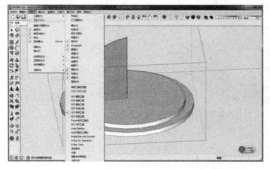 快捷键 C，画圆，如图 1-67 至 1-69 所示。

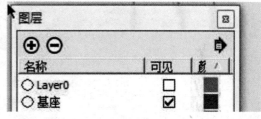

图 1-67　　　　　　　　　　　　　　　　　　　图 1-68

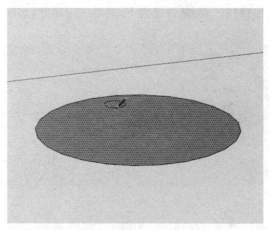

图 1-69

　　技术要点：每一类建一个图层，后续不再赘述。

　　②使用快捷键 G 创建组件，勾选最下面用组件替换选择内容点创建，如图 1-70 至图 1-72所示。

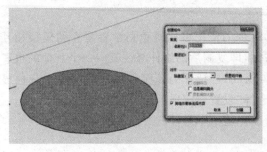

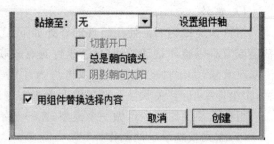

图 1-70　　　　　　　　　　　　　　　　　　图 1-71

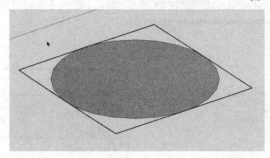

图 1-72

③双击进入组件，使用推拉工具 📥 快捷键 P，推出一定高度，如图 1-73 和图 1-74 所示。

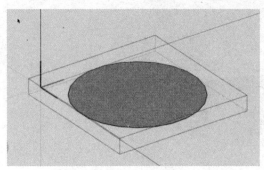

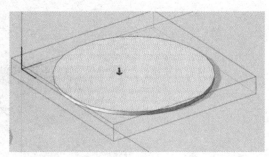

图 1-73　　　　　　　　　　　　　　　　　　图 1-74

④使用偏移工具 🔗 快捷键 F，向内偏移，如图 1-75 所示。

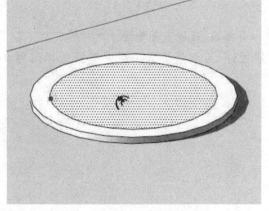

图 1-75

⑤再次使用推拉工具 ![推拉工具图标]。用快捷键 P，推出同样高度，如图 1-76 所示。

技术要点：使用推拉工具时，如果要与边上某模型保持同一个高度，可以将推拉工具移动到参考高度的模型上，工具会自动捕捉生成参照高度。

⑥在组件外面点击退出组件，如图 1-77 所示。

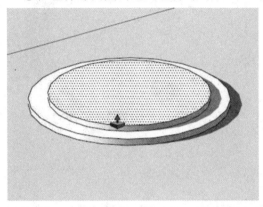
图 1-76

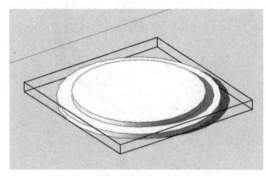
图 1-77

⑦按上述方法绘制柱础，创建组件，如图 1-78 和图 1-79 所示。

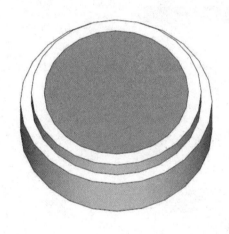
图 1-78

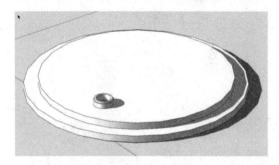
图 1-79

⑧使用旋转工具 ![旋转工具图标] 快捷键 Q，旋转复制。鼠标放置在大圆中间会自动捕捉到大圆的圆心，点击后捕捉"柱础"圆心作为另外一个圆心，按 Ctrl 键旋转一个角度，如图 1-80 和图 1-81 所示。

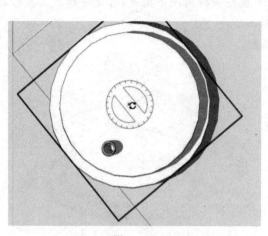

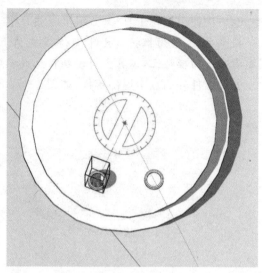

图 1-80   图 1-81

⑨在"数字输入区"输入角度 60，按回车键，接着输入 5x，完成旋转复制，如图 1-83 所示。

图 1-82

⑩完成效果，如图 1-83 和图 1-84 所示。

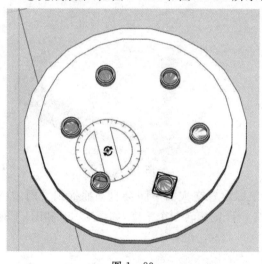

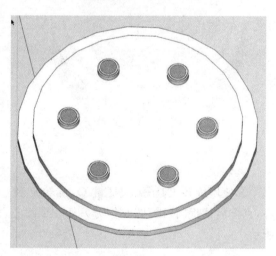

图 1-83   图 1-84

技术要点：①在使用旋转工具 之前，点选"柱础"模型，然后使用旋转工具在大圆中捕捉圆心；②这个使用方法和前面的旋转复制顺序刚好相反。

⑪双击任意一个"柱础"组件，进入组件，使用推拉工具 快捷键 P，如图 1-85 和图 1-86 所示。

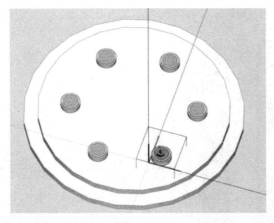

图 1 - 85

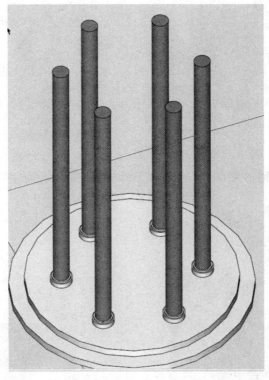

图 1 - 86

技术要点:①观察组件的"一改俱变"的关联性,对以后很有帮助;②组件要取消"关联性",在组件上点击右键选择"设置自定项",方可实现取消。

⑫点选任意一个"柱础"组件,使用移动工具,快捷键 M 向上复制,同时按键盘向上↑的方向键强制垂直,如图 1 - 87 所示。

⑬点选刚复制的"柱础"组件,使用缩放工具快捷键 S,如图 1 - 88 所示。

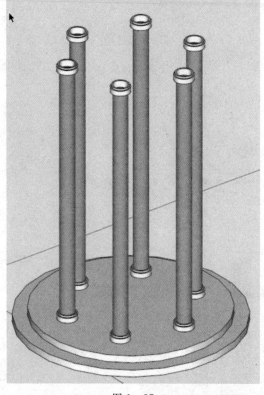

图 1-87

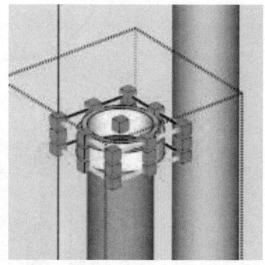

图 1-88

⑭点击缩放工具中间的夹点,向下拉,然后在"数字输入区"输入"-1",实现镜像。如图 1-89和图 1-90所示。

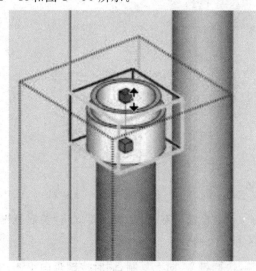

图 1-89

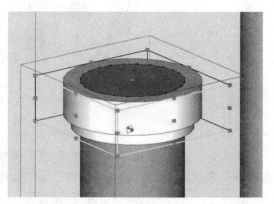

图 1-90

技术要点:配合键盘"方向键"可以强制水平、垂直、前后移动或者复制:方向↑上键表示强制垂直移动或复制(复制时需要先按 Ctrl 进行复制后再按方向键);方向←左键表示强制绿轴前后移动或复制;方向→右键表示强制红轴水平移动或复制。

⑮点击图层面板"可见"下面"√"隐藏"柱身"和"柱础",如图 1-91和图 1-92所示。

图 1－91

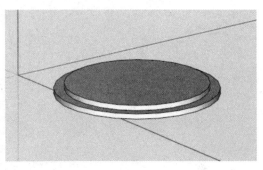

图 1－92

⑯用直线 ✏ 跟圆弧 ⌒ 工具画扇形,如图 1－93 所示。

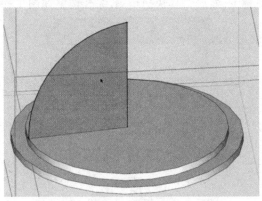

图 1－93

⑰使用跟随路径 🌀,创建半圆球,然后按 G,创建组件,如图 1－94 所示。另注:跟随路径的使用方法参考相关章节,有详细介绍。

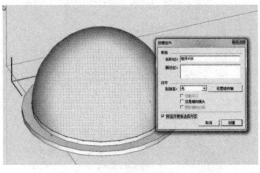

图 1－94

⑱使用移动工具快捷键 M,移动复制基座,如图 1-95 所示。

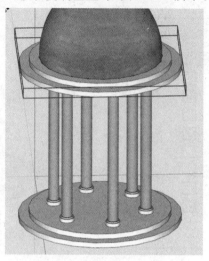

图 1-95

⑲使用偏移工具快捷键 F、缩放工具快捷键 S,综合调整如图 1-96 和图 1-97 所示。

图 1-96

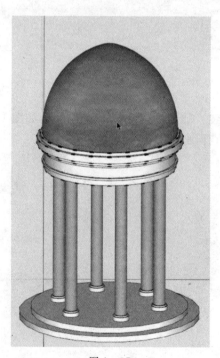

图 1-97

⑳同样使用前面学过的跟随路径 ,创建锥形跟圆球形,如图 1-98 至图 1-101 所示。

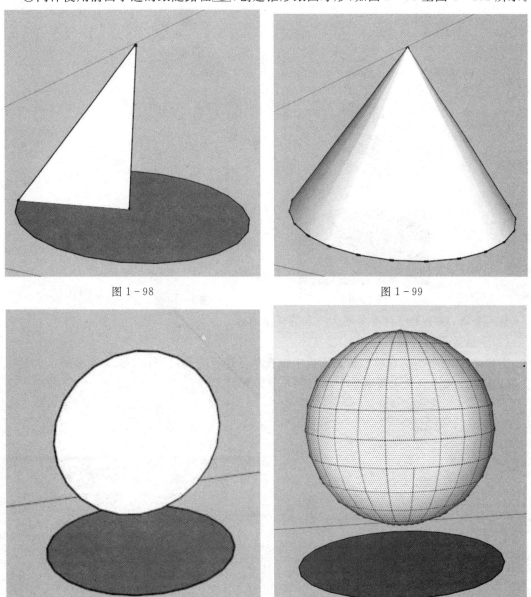

图 1-98

图 1-99

图 1-100

图 1-101

㉑完成的顶如图 1-102 所示。

㉒至此欧式景观亭子就创建完毕,最终效果如图 1-103 所示。

 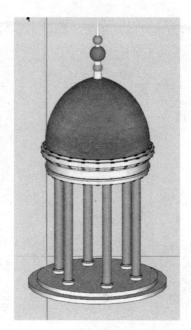

图 1-102   图 1-103

技术要点：该亭子的材质参考上一章节详细内容。

（2）手绘效果图建模的制作。

①启动 SketchUp，在模型信息面板中检查单位是否准确，如图 1-104 所示。

②在执行文件中导入菜单命令，如图 1-105 所示。

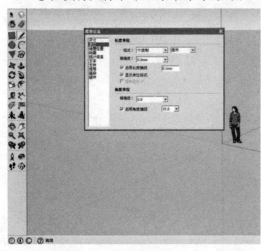 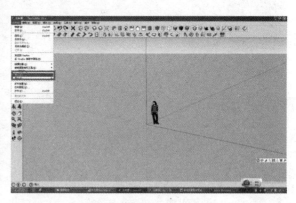

图 1-104   图 1-105

③导入手绘效果图，如图 1-106 和图 1-107 所示。

图 1-106　　　　　　　　　　　　图 1-107

④调整轴线,首先确定坐标原点,其次调整绿轴、红轴与手绘效果图主要参照物的透视相符,如图 1-108 至图 1-111 所示。

图 1-108　　　　　　　　　　　　图 1-109

图 1-110　　　　　　　　　　　　图 1-111

⑤设置完成点击照片匹配面板"完成"或者右键"完成",如图 1-112 所示。

⑥如果确定完成后发现需要修改轴线,在桌面"照片匹配"处点击右键选择"编辑匹配照片",如图 1-113 所示。

图 1-112　　　　　　　　　　　　图 1-113

技术要点:①坐标原点的确定以主要参照物为设置标准;②绿轴与红轴的 ✎ 可以任意拖动调整;③两条红轴、两条绿轴分别任意设置在画面最主要的透视结构上,最大确定画面透视;④轴线确定的透视为后续画面建模的透视。

⑦建图层,使用直线工具 ✎ (快捷键 L)创建景墙,封面画长方形,如图 1-114 和图 1-115 所示。

图 1-114   图 1-115

技术要点：①配合使用 Shift 键强制水平或垂直；②每一个造型建组件快捷键 G；③每一类均需建图层。

⑧点击顶视图 ![icon] 进入模型视图，矩形工具画长方形作为场景的基本地形，如图 1-116 所示。

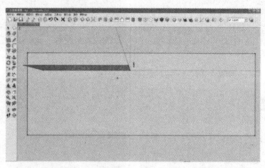

图 1-116

⑨点击"手绘效果图建模"，回到"照片匹配"页面，调整场景的基本地形，如图 1-117 和图 1-118 所示。

图 1-117   图 1-118

技术要点：可以在两个页面之间切换表明已达到符合要求，画面的切换会出现动画。

⑩创建图层，使用直线工具 ![pencil]（快捷键 L）封面创建基本地形中的驳岸细节，如图 1-119 至图 1-124 所示。

图 1 - 119

图 1 - 120

图 1 - 121

图 1 - 122

图 1 - 123

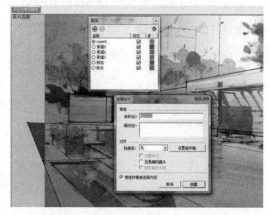

图 1 - 124

技术要点：①配合使用 Shift 键强制水平或垂直；②每一个造型建组件快捷键 G；③每一类均需建图层。

⑩主要结构封面完成后，双击进入"景墙"组件，使用推拉工具 快捷键 P，创建"景墙"，如图 1 - 125 和图 1 - 126 所示。

图 1 - 125   图 1 - 126

⑪同样的方法创建其他造型元素,如图 1 - 127 所示。

图 1 - 127

⑫使用移动工具 [图标] 快捷键 M,将后面景墙移动到合适位置,可以页面相互切换校对,然后使用缩放工具 [图标] 快捷键 S 调整,如图 1 - 128 至图 1 - 133 所示。

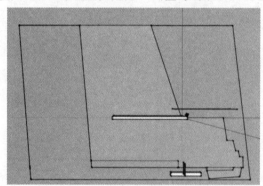

图 1 - 128   图 1 - 129

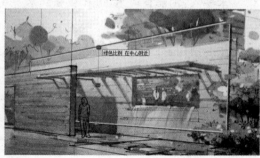

图 1 - 130   图 1 - 131

图 1－132　　　　　　　　　　　　　　　　　图 1－133

技术要点：配合使用 Shift 键强制水平或垂直。

⑬进入透视图界面，调整当选景墙的位置，如图 1－134 至图 1－136 所示。

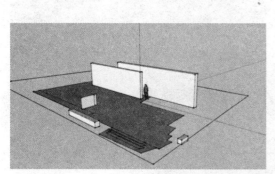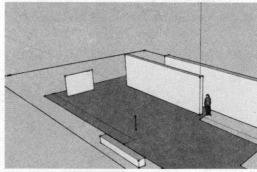

图 1－134　　　　　　　　　　　　　　　　　图 1－135

图 1－136

⑭进入透视图界面，移动复制该景墙，然后调整两个景墙的位置，如图 1－137 至图 1－141 所示。

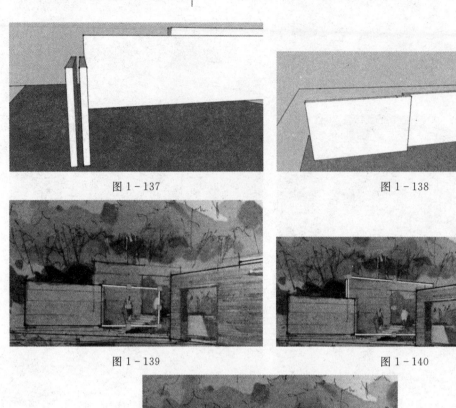

图1-137   图1-138

图1-139   图1-140

图1-141

⑮使用推拉工具![img]快捷键P推出景墙的门洞,如图1-142和图1-143所示。

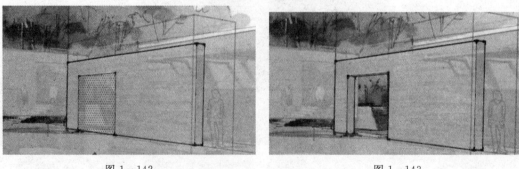

图1-142   图1-143

⑯建图层,使用直线工具封面创建基本地形中廊架,如图1-144和图1-156所示。

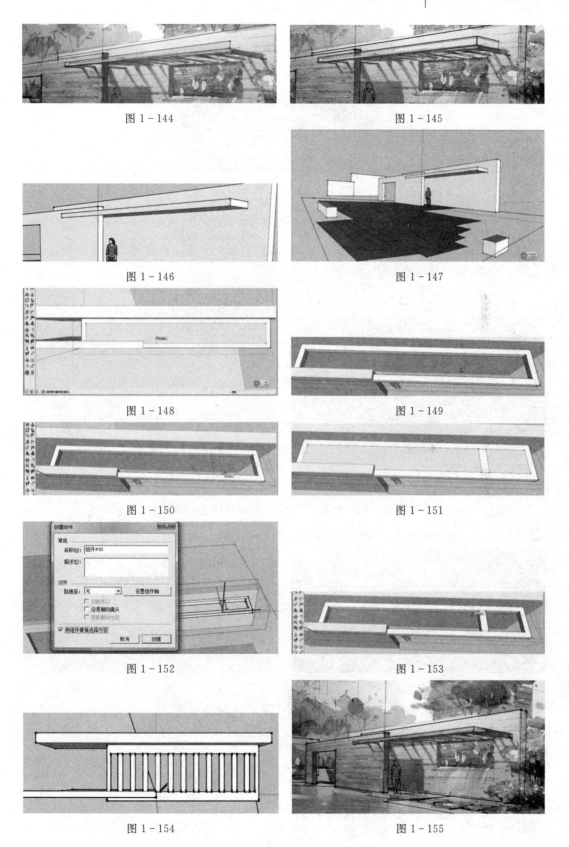

图 1-144

图 1-145

图 1-146

图 1-147

图 1-148

图 1-149

图 1-150

图 1-151

图 1-152

图 1-153

图 1-154

图 1-155

图 1-156

⑰向下推出 （快捷键 P）水景深度，产生驳岸，如图 1-157 所示。

⑱基于平面向下移动 500mm 作为跌水高差，用矩形工具 ■（快捷键 R），封面错位区域，然后进入组件，划分跌水池，如图 1-158 所示。

图 1-157

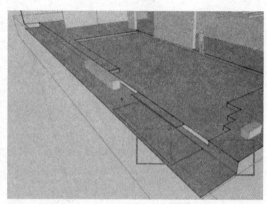

图 1-158

⑲允许适当调整手绘透视，手绘效果图一般存在透视误差，如图 1-159 所示。

⑳向下推出 跌水深度，如图 1-160 所示。

图 1-159

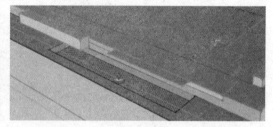

图 1-160

㉑使用推拉工具 制作跌水结构，移动复制两个，如图 1-161 至图 1-163 所示。

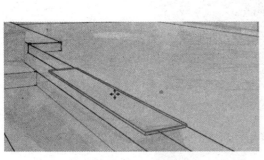

图 1-161　　　　　　　　　　　　　　　图 1-162

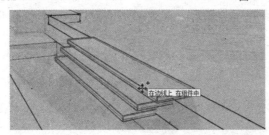

图 1-163

㉒使用矩形工具 或者直线工具 （快捷键 L）封面景墙窗洞，然后使用 ，挖空，如图 1-164 至图 1-166 所示。

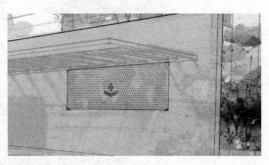

图 1-164　　　　　　　　　　　　　　　图 1-165

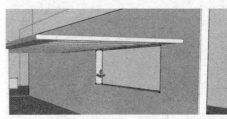

图 1-166

㉓进入组件，使用矩形工具 或者直线工具 （快捷键 L）封面景墙窗洞，然后使用 ，挖空。由于两个组件是复制的，因此出现关联性变化，两个组件将同时改变，如图 1-167 所示。

图 1-167

㉔点击右键,点选"设置为自定项"解除组件关联性,如图 1-168 和图 1-169 所示。

图 1-168

图 1-169

㉕制作景墙下台阶基础部分,如图 1-170 所示。

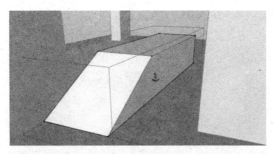

图 1-170

㉖使用矩形工具，制作踏步，如图 1-171 和图 1-172 所示。

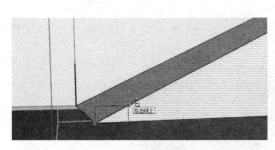

图 1-171

图 1-172

㉗点选三角形，建组件（快捷键 G），如图 1-173 所示。

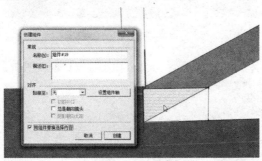

图 1-173

㉘使用，推出踏步宽度，选择移动工具，然后按 Ctrl 键复制一个，最后在"数字输入区"输入 7x，得到效果，如图 1-174 和图 1-175 所示。

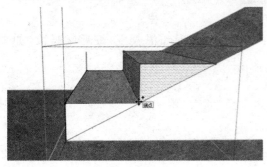

图 1-174

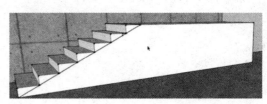

图 1-175

㉙制作水景踏步,如图1-176所示。

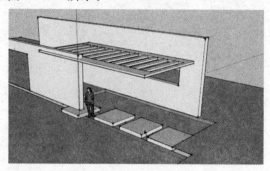

图1-176

㉚进入组件,使用偏移工具 [icon]、[icon] 制作花池,其他花池,用相同方法制作,如图1-177所示。

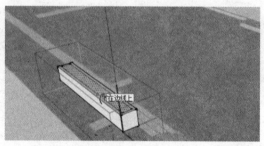

图1-177

㉛通过切换页面,总体调整结构位置、大小,如图1-178和图1-179所示。

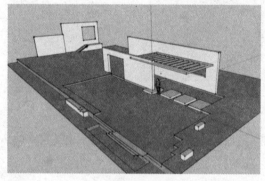

图1-178

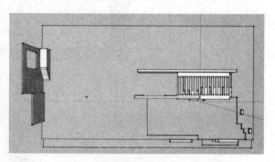

图1-179

㉜单击景墙组件,按快捷键B,调出材质面板,点选沥青和混凝土,最后贴材质,如图1-180和图1-181所示。

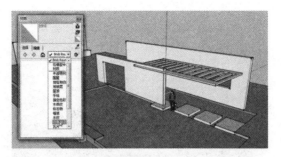

图 1-180

图 1-181

㉝同上，如图 1-182 和图 1-183 所示。

图 1-182

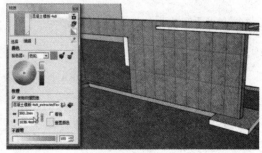

图 1-183

㉞修改材质大小，如图 1-184 所示。

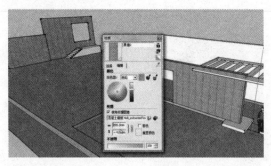

图 1-184

㉟新建材质,命名为"景墙3",如图 1-185 和图 1-186 所示。

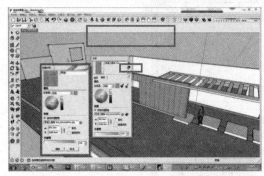

图 1-185

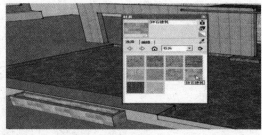

图 1-186

技术要点:同一个材质在不同的造型上使用,会出现关联性修改,最好每一个造型兴建一个材质名称,避免同时改变。

㊱材质添加完成后,添加绿植以及其他组件,在"窗口"菜单下"组件"添加花草、树木等组件内容,如图 1-187 和图 1-188 所示。

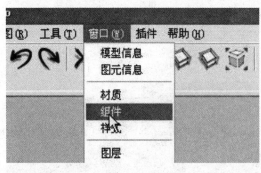

图 1-187

图 1-188

㊲点击 进入"打开或创建本地集合",找到路径,调出合适组件,或者点击"3D 模型库服务条款"通过网络下载,如图 1-189 和图 1-190 所示。

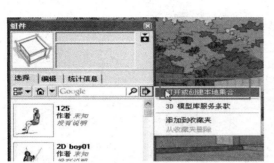

图 1-189

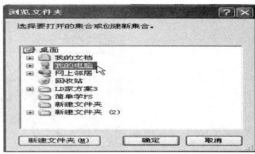

图 1-190

另外寻找组件的途径,如图 1-191 所示。

图 1-191

技术要点:组件的来源:①自己收集的组件按路径调出使用;②从别的设计源文件中复制粘贴到自己的场景中;③在有网络环境下,在 google 处输入要搜索名称,下载组件。

㊳添加完组件,添加"场景",如图 1-192 所示。

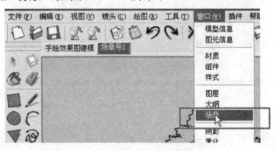

图 1-192

㊴调整展示画面(显示出渲染效果图场景角度),使用定位镜头工具 在需要观察的地方点击确定位置,工具会变为 ,可以旋转角度。确定完成,添加场景,如图 1-193 所示。

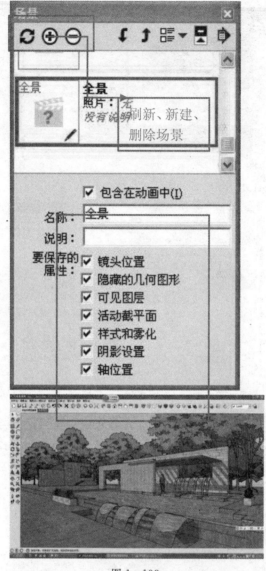

图 1 - 193

㊵添加完场景，点击 开启投影，如图 1 - 194 至图 1 - 196 所示。

图 1 - 194

图 1 - 195

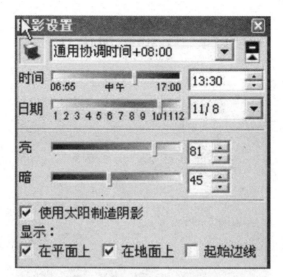

图 1-196

技术要点：①开启投影有时会出现灰面浮在投影上面，可以取消"在地面上"前面的勾；②每建一个场景就要新建一个能反映画面内容的名称，如场景角度确定完成后又进行了修改作为最终效果，一定要谨记刷新完成修改内容的保存。

㊶调整完的最终效果展示，如图 1-197 至图 1-200 所示。

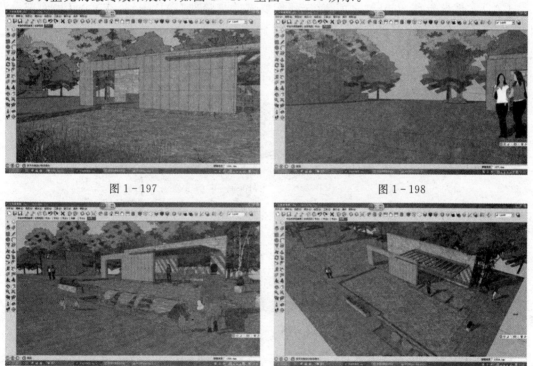

图 1-197   图 1-198

图 1-199   图 1-200

1.4 小型景观设计

本案例提供了一张总平面规划图,如图 1－201 所示。

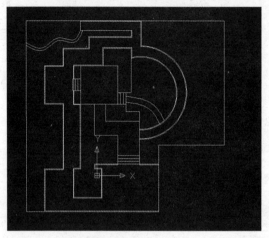

图 1－201

1. 整理图纸

CAD 文件导入 SketchUp 之前,首先我们要做的是整理 CAD 图层,在 CAD 里面把一些不需要的图层关闭并保存成 DWG 格式的文件。

2. 导入图纸

双击桌面 图标或者"开始"菜单中 SketchUp,进入软件,如图 1－202 所示。

图 1－202

(1)执行"文件—导入"菜单命令,弹出"打开"对话框,然后选择"文件类型"为"AutoCAD文件"。

(2)单击"打开"对话框中的"选项"按钮,打开"AutoCAD DWG/DXF 导入选项"对话框,如图 1－203 至图 1－205 所示。

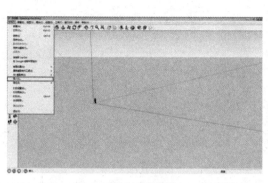
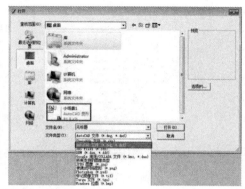

图 1-203 图 1-204

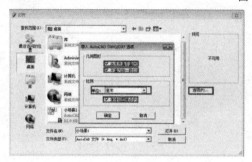

图 1-205

技术要点:把选项里面的勾都点上,单位改成毫米,点击确定。

3. 封面

(1)双击"小场景"进入到组件中,在菜单栏里执行"插件—创建面"进行封面,用 ✏"线条工具"(快捷键 L),把面封住。最后用"擦除工具"(快捷键 E)擦去多余的线,如图 1-206 至 1-215所示。

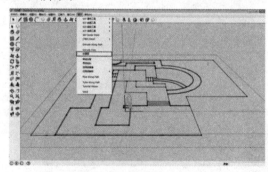
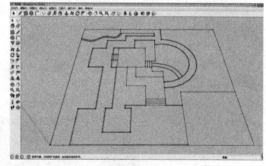

图 1-206 图 1-207

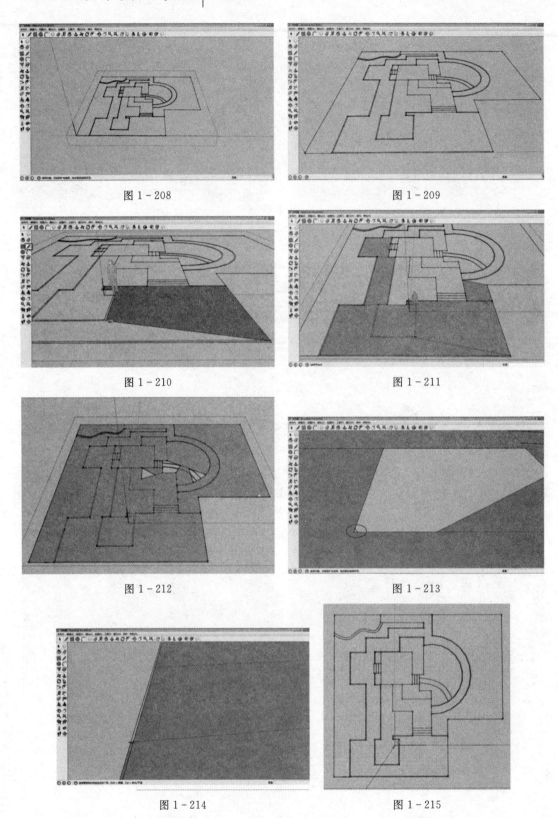

图 1 - 208

图 1 - 209

图 1 - 210

图 1 - 211

图 1 - 212

图 1 - 213

图 1 - 214

图 1 - 215

技术要点:若有小部分的面封不上,就在封不上面的地方放大检察是否有多余的线条或是线条未闭合,把多余的线删掉,未闭合的线条用"线条工具"将它们封起来。

4. 翻转平面

当面封完后,对着我们的面显示蓝色时表明其是反面,若要把它转换成正面,应在组建中框选中所有的面,单击鼠标右键,选择"翻转平面",如图 1-216 和图 1-217 所示。

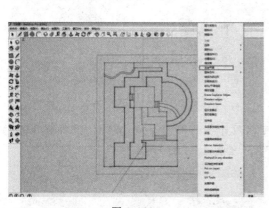
图 1-216

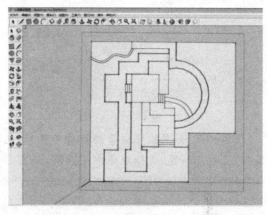
图 1-217

技术要点:在 SketchUp 里反面无法渲染,在导入 LIMION 时反面将不显示,所以我们要将反面翻转成正面。

5. 赋予材质

(1)在组件中把所有材质相同的面选中,单击工具栏中的 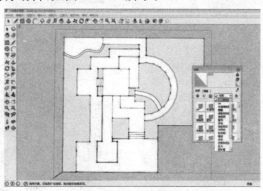 "颜料桶"工具(快捷键 B),弹出一个"材质"编辑器,进行编辑,如图 1-218 所示。

图 1-218

(2)选中所有草地的面,打开颜料桶,在材质编辑器里面选择"植被",自选一个草地的材质,并赋予材质如图 1-219 所示。

(3)赋予完材质后,可在"材质"编辑器里的"编辑"里调整材质的大小、颜色等,如图1-220所示。

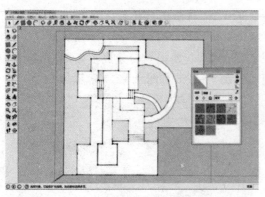
图 1-219

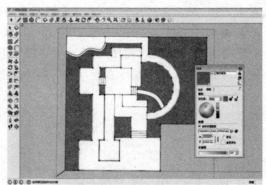
图 1-220

　　技术要点：如果软件自带的材质不理想，也可以用外部的贴图材质，在"材质"编辑器里的"编辑"里打开浏览，选择理想中的贴图，如图 1-221 至图 1-225 所示。

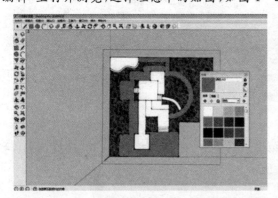
图 1-221

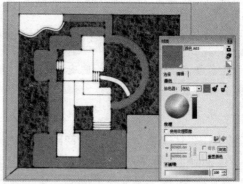
图 1-222

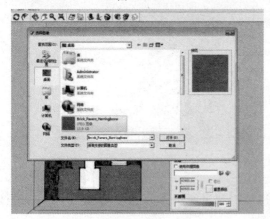
图 1-223

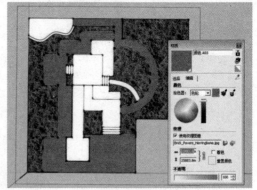
图 1-224

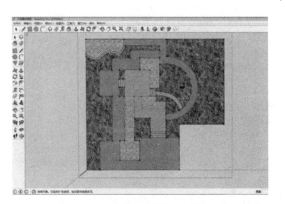

图 1－225

6.创建模型

(1)台阶。

首先我们用推拉工具先将小场景的第一层台阶推拉出 150mm 的厚度,为了快速方便,选中第二层台阶的面,双击鼠标左键,执行上一次动作,做第三层台阶时双击两次,以此类推,如图 1－226 和图 1－227 所示。

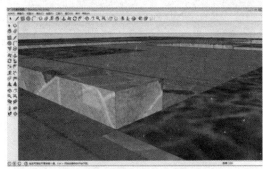

图 1－226

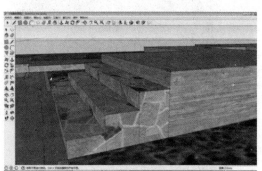

图 1－227

(2)水池。

在做水池的时候先把水池的面选中,用推拉工具向下推拉一定的厚度,接着在推拉工具的状态下按一下 Ctrl 键,推拉工具的右上方会出现一个小"＋"(意思是在原有的面上再加一个面),选中水池底面再向上推拉一定的厚度,并赋予水的材质(水面),降低不透明度,如图 1－228 至图 1－230 所示。

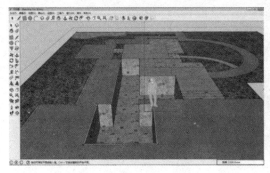

图 1－228

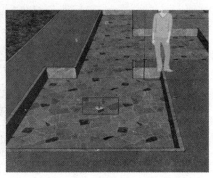

图 1－229

图 1-230

7. 添加配景(人、树、座椅、路灯等)

(1)执行"文件—导入",然后将人和树、座椅等一些配景素材放置到场景中,如图 1-231 和图 1-232 所示。

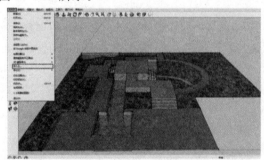

图 1-231

图 1-232

(2)添加完配景后,打开一张背景贴图,如图 1-233 至图 1-235 所示。

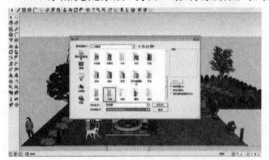

图 1-233

图 1-234

图 1-235

技术要点:在联网的条件下可以在工具栏点击 ▨ "获取模型",下载更多模型。

1.5　大型景观设计

1. SU 建模前期

严格按照尺寸要求完成 CAD 平面图。大量的图块和文字标注等信息在导入 SketchUp 后会占用大量资源不便于图纸操作,因此在导入 SketchUp 之前需在 CAD 中精简文件。

技术要点:①最好每一类都建一个图层(例如,放植物之前,新建图层,命名为植物。将所有的操作清楚归类,以便后续方便操作。)②CAD 制图时,线条一定要闭合,方便 SU 建模和 PS 后期。

①打开图层,利用"显示/隐藏"区分空白图层,然后删除图层。

②在保存 CAD 文件之前,关闭文字图层。

③检查是否所有图块正确归类在正确的图层。

(1)SU 建模准备。

①打开 SketchUp。设置单位为"建筑(毫米)",点击菜单栏"文件"菜单,选择"导入"弹出对话框如下图 1-236 所示。

图 1-236

②导入。修改文件类型为 AutoCAD 文件(*.dig *.def.)格式,选择 CAD 文件打开,如图 1-237 所示。

图 1-237

在对话框,右边点击选项 选项(P)... 按钮,弹出对话框,将单位改为毫米,确定便可。操作流程如图 1-238 至图 1-242 所示。

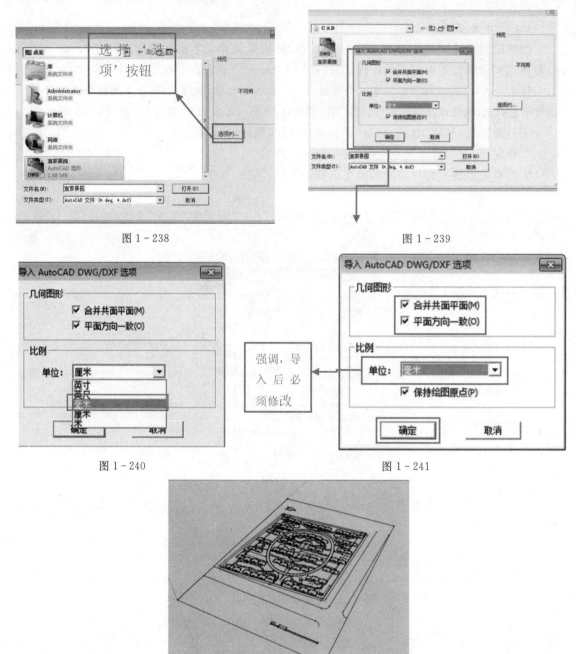

图 1-238

图 1-239

图 1-240

图 1-241

图 1-242

技术要点:这是 CAD 文件导入 SU 时必须修改的地方,设置正确的数字单位。

③整理图层。点击菜单栏"窗口",打开"图层",删除多余图层,和并相似图层。(整理图层这一步骤,原本是要在 CAD 导出之前或在建立 CAD 图纸的时候就该注意图层的归类的。)具体如图 1-243 和图 1-244 所示。

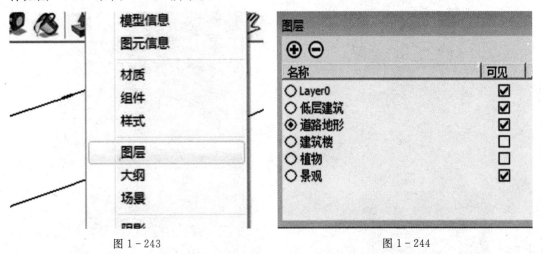

图 1-243   图 1-244

技术要点:这是在 CAD 中没有整理图层,而为后续方便操作的情况下,便在 SU 中整理图层。

④封面。将 CAD 线框封面,使用直线工具 ✎(快捷键 L)封闭没有闭合的线条,或利用对角线形成面。全部 CAD 线框由线形成面。具体如图 1-245 所示。

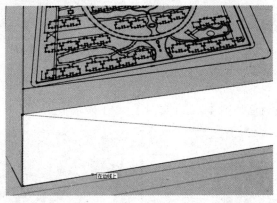

图 1-245

技术要点:成面的首要条件是线条必须闭合。

先检查线框是否闭合,将没有闭合线框使用直线工具 ✎(快捷键 L),连接闭合。画对角辅助线连接面如图 1-246 至图 1-249 所示。

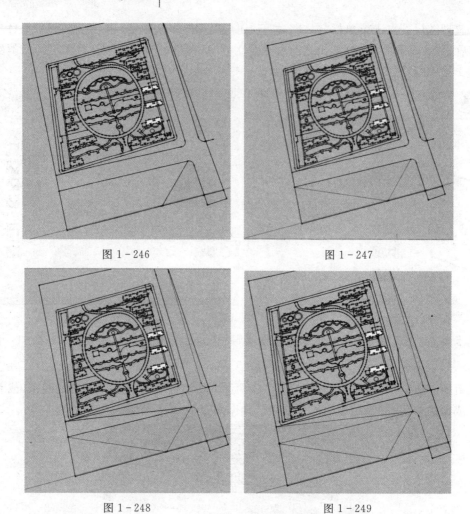

图 1-246   图 1-247

图 1-248   图 1-249

删除辅助线并完成封面如图 1-250 和图 1-251 所示。

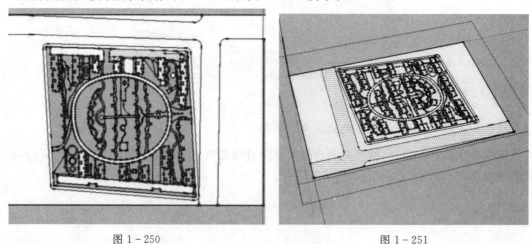

图 1-250   图 1-251

技术要点：封好的面一定是在不同的地方分开的。

对于翻转平面来说，白色是正面，灰色是反面。选中灰色面，右击弹出对话框"反转平面"。

具体如图 1-252 和图 1-253 所示。

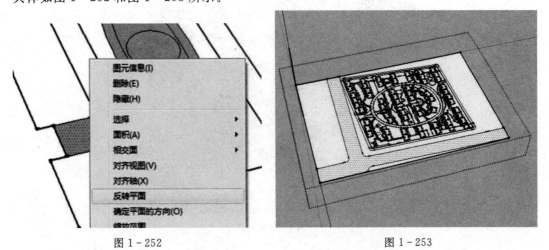

图 1-252　　　　　　　　　　　　　　　图 1-253

技术要点：每块面是独立完整的闭合体，路是路的面，建筑是建筑的面，它们互不干扰。

2. 建模

(1) 现代高层建筑。

现代高层建筑的建模需要注意以下三个问题：在建筑图层中修改建筑，以此类推，树木和景观小品也要在各自的图层上进行操作，为方便后续导出模型；打开图层，选定在"建筑楼"图层；将其他图层关闭显示，如图 1-254 所示。

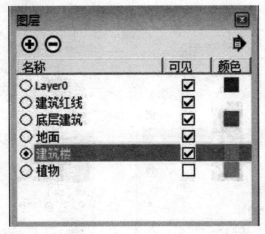

图 1-254

① 在建筑图层下，打开建筑楼组件，进入组件后再次新建组件，如图 1-255 所示。

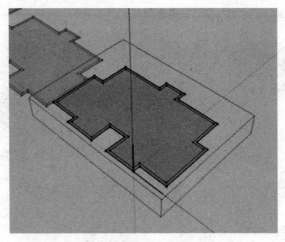

图 1 - 255

②点击快捷键颜料桶 B,给墙面和地面赋予材质,如图 1 - 256 至图 1 - 259 所示。

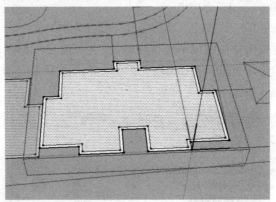

图 1 - 256

图 1 - 257

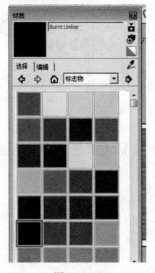

图 1 - 258

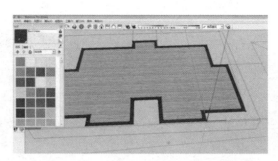

图 1 - 259

③使用推拉工具 P，挤出墙高 3000mm，完成退出组件，如图 1 - 260 所示。

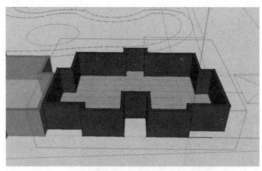

图 1 - 260

在组件里再次新建组件。使用移动复制，用 M＋Ctrl 向上移动 3000mm，向上复制一层，如图 1 - 261 至图 1 - 266 所示。

图 1 - 261

图 1 - 262

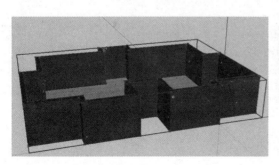

图 1 - 263

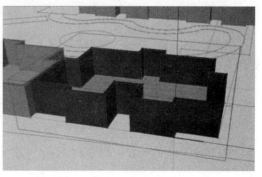

图 1 - 264

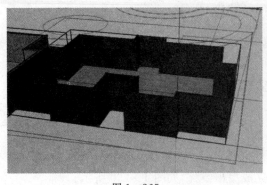

图 1 - 265   图 1 - 266

技术要点：移动复制时选中角点，向上复制。

选择第二层，右击"设置为自定项"（因为底层与中间有区别，所以要另行修改）。具体如图 1 - 267 所示。

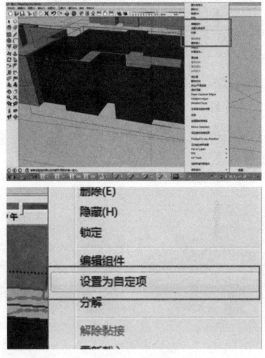

图 1 - 267

④选中第二层，右击后选择"储存为"，选择 E 盘新建文件夹，命名为"组件"，进入"组件"文件夹，保存文件命名为"18 层中间"。具体如图 1 - 268 至图 1 - 271 所示。

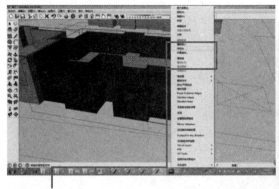

图 1 - 268

图 1 - 269

图 1 - 270

图 1 - 271

⑤制作中间楼层。最小化文件,打开刚保存的"18 层中间"。具体如图 1 - 272 所示。

图 1 - 272

打开"18 层中间"文件,改变墙体的材质,可以发现底层与中间层材质有区别。具体如图 1 - 273 至图 1 - 275 所示。

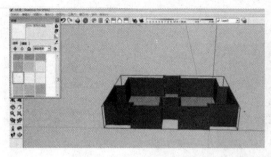

图 1-273   图 1-274

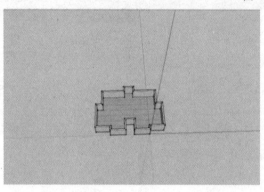

图 1-275

进入组件,利用矩形工具 R,在墙面上画出窗框的位置,如图 1-276 至 1-281 所示。

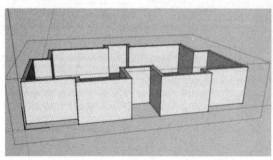

图 1-276

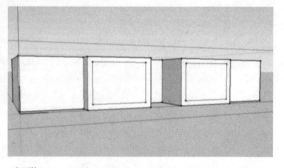

矩形(3300,2400)mm

图 1-277

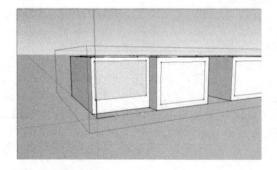

矩形(3100,2000)mm

图 1-278

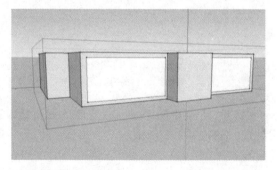

矩形(5200,2500)mm

图 1-279

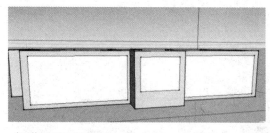

矩形(2800,1800)mm

图 1 - 280

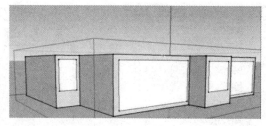

矩形(1800,1100)mm

图 1 - 281

用推拉工具　P 将画出的窗框位置向墙里推 250mm，形成空洞，如图 1 - 282 所示。完成退出墙体组件。

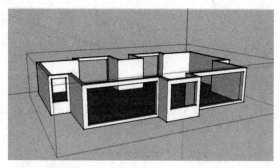

图 1 - 282

⑥安放窗框。

a. 导入窗框模型，利用拉伸缩放　S 调整大小，旋转工具　Q 和移动工具　M 安放在先前做好的窗洞上，如图 1 - 283 所示。

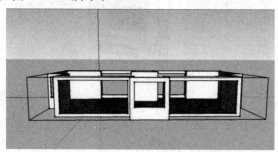

图 1 - 283

打开"文件"菜单中的"导入"命令，并打开窗户模型，如图 1 - 284 和图 1 - 285 所示。

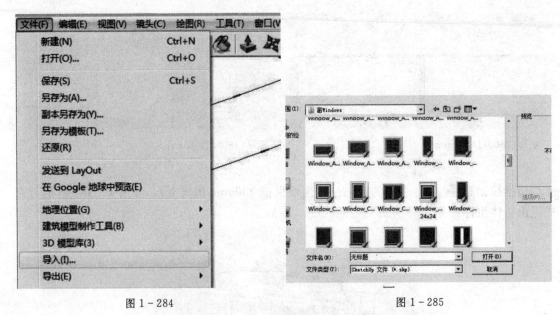

图 1-284	图 1-285

使用旋转工具  Q 使窗户立起来,再使用移动工具 M 安放在窗洞的位置,如图 1-286所示。

图 1-286

使用拉伸工具 S,调整模型大小与窗洞大小相同。在对角线调整的同时,按住 Shift 键,使其等大缩放,如图 1-287 和图 1-288 所示。

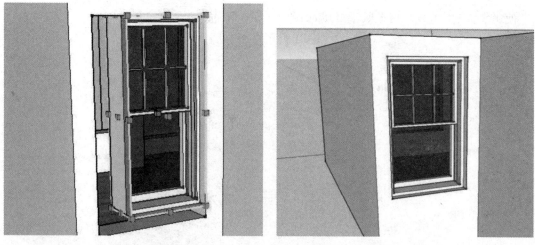

图 1 - 287　　　　　　　　　　　　　　　图 1 - 288

　　技术要点：虽然导入模型既可节省时间，又可制作精致的模型，但它也有不可避免的弊端。在大型场景中，容易造成电脑负担，引起操作不便，又因多是外景故而视觉效果不高。所以在大型外景中，往往数量越多的东西，越要简单才好。

　　b. 制作简易窗框。在墙体组件外，使用矩形工具 R 延窗洞画矩形，形成面，如图 1 - 289。

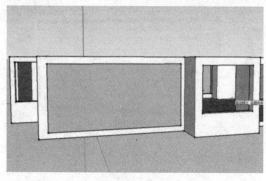

图 1 - 289

使用偏移工具 F 向内偏移 80mm，如图 1 - 290 所示。

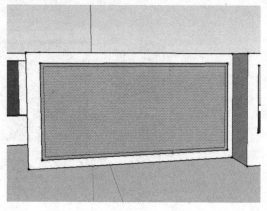

图 1 - 290

使用颜料桶 B 为窗框赋予材质,如图 1－291 所示。

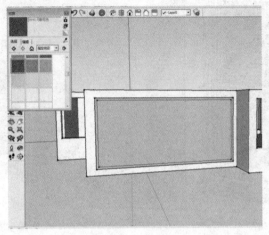

图 1－291

使用直线工具 L 连接内窗框,如图 1－292 所示。

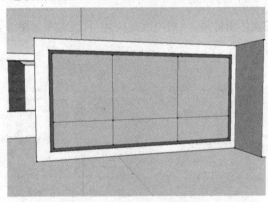

图 1－292

在小矩形上,使用偏移工具 F 向内偏移 50mm,如图 1－293 和图 1－294 所示。

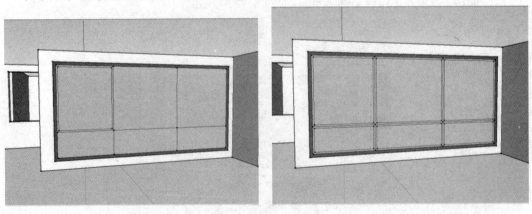

图 1－293   图 1－294

使用颜料桶 B 给内窗框和玻璃赋予材质，如图 1－295 至图 1－298 所示。

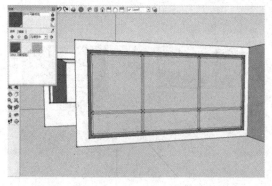

图 1－295

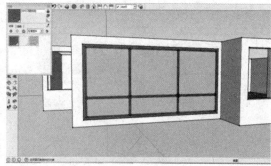

图 1－296

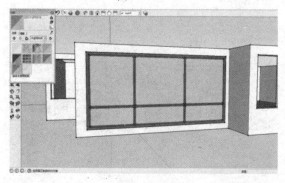

图 1－297

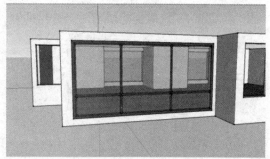

图 1－298

使用推拉工具 P，将玻璃向里挤出 50mm，如图 1－299 所示。

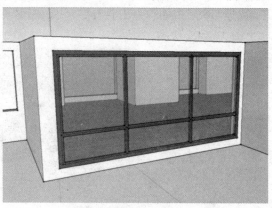

图 1－299

将完成的窗框，成为组件。使用移动复制工具 M ＋Ctrl 复制相同的窗户到相同的窗户，如图 1－300 和图 1－301 所示。

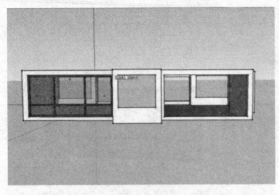

图 1-300

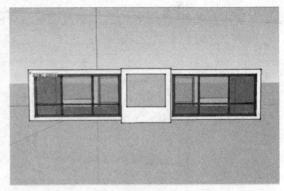

图 1-301

同样,完成其他窗框的操作,如图 1-302 和图 1-303 所示。

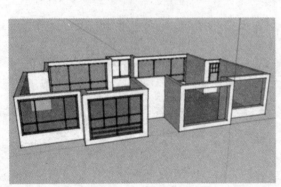

图 1-302

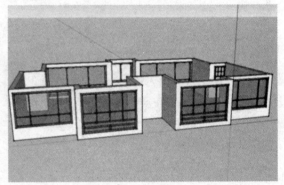

图 1-303

⑦重新载入。完成对"中层"操作,点击保存。打开"宜家景园",选中组件右击,选择"重新载入",在弹出的对话框中,选择"18层中间",点击打开("18层中间"就会替换原来没有操作的文件)。具体如图 1-304 至图 1-306 所示。

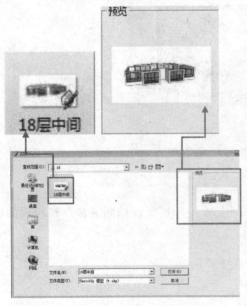

图 1-304

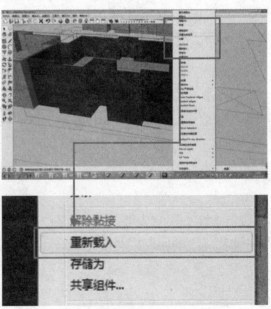

图 1-305

图 1-306

⑧制作18层底层。选择底层，右击"储存为"，将文件命名"18层底层"，储存在 E 盘，"组件"文件夹得"18文件夹"中。

a.制作窗洞。打开"18层底层"文件，进入组件，利用矩形工具![R图标]R，在墙面上画出窗框的位置，如图1-307至图1-309所示。

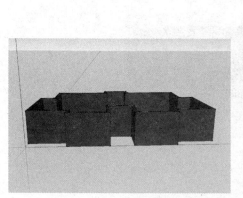

图 1-307

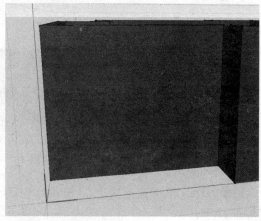

图 1-308

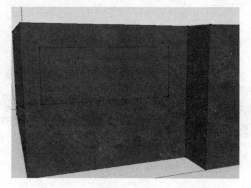

图 1-309

矩形(2800,1100向里挤出250mm)如图1-310所示。

图 1 - 310

矩形（2800,180 向外挤出 200mm）如图 1 - 311 所示。

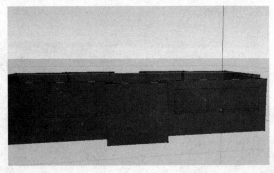

图 1 - 311

大矩形（4700,1200 向里挤出 250mm），小矩形（4700,100 向外挤出 200mm），如图 1 - 312 和图 1 - 313 所示。

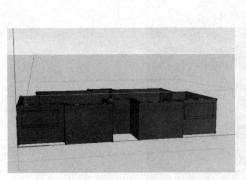

图 1 - 312   图 1 - 313

完成窗洞的制作如图 1 - 314 和图 1 - 315 所示。

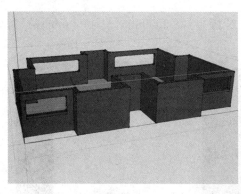 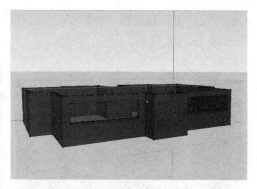

图 1 - 314　　　　　　　　　　　图 1 - 315

　　挤出门洞,高 2m,宽 1.5m。画矩形(2000,1500),向里挤出 250mm,如图 1 - 316 至图 1 - 321 所示。

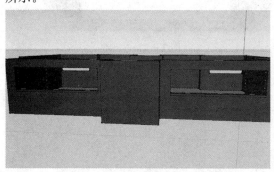 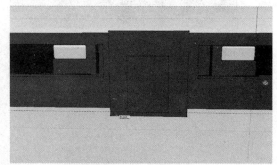

图 1 - 316　　　　　　　　　　　图 1 - 317

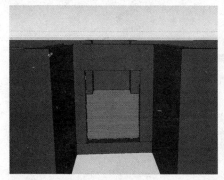 

图 1 - 318　　　　　　　　　　　图 1 - 319

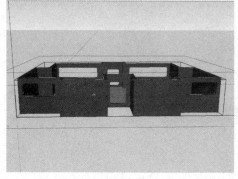 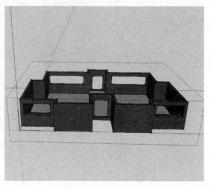

图 1 - 320　　　　　　　　　　　图 1 - 321

b.制作门。退出墙面组件,使用矩形工具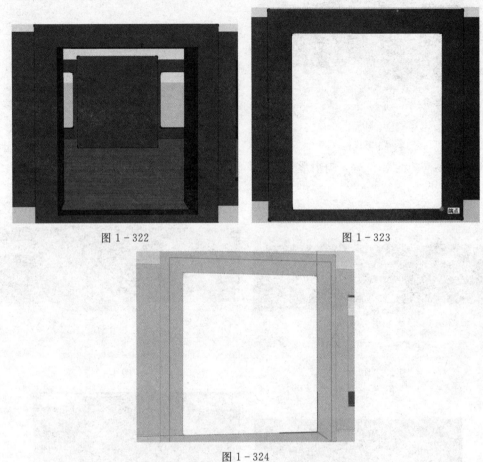R 画出(高 2000mm,宽 1500mm)的门,如图 1－322 至图 1－324 所示。

图 1－322   图 1－323

图 1－324

使用偏移工具 F 向内偏移 50mm,如图 1－325 所示。

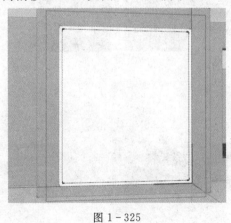

图 1－325

使用直线工具 L 连接门框,分出门扇,如图 1－326 所示。

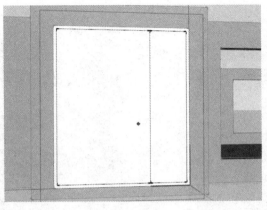

图 1 - 326

使用偏移工具 F 向内偏移 20mm。

使用推拉工具 P 将门框向外推出 20mm，将门扇向里推进 10mm，将玻璃推进 5mm。

最后使用颜料桶 B 赋予材质，如图 1 - 327 至图 1 - 334 所示。

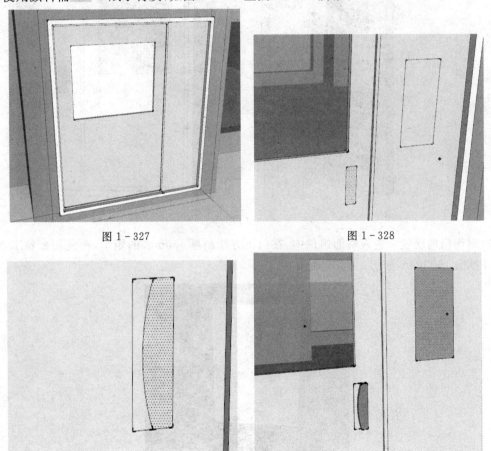

图 1 - 327   图 1 - 328

图 1 - 329   图 1 - 330

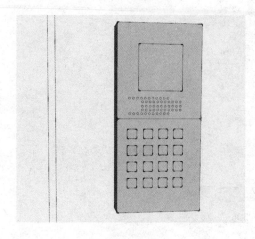

图 1 - 331

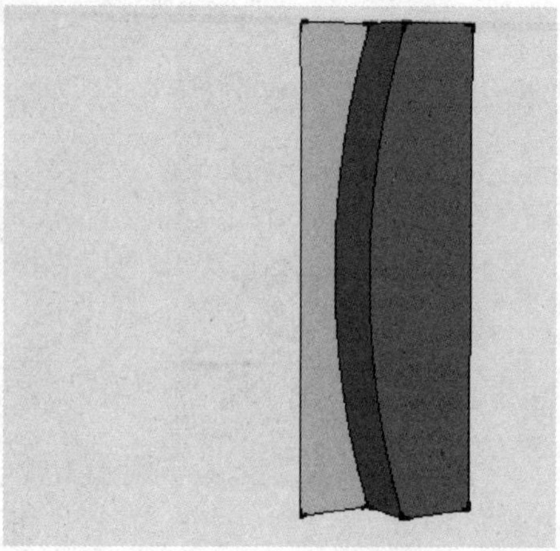

图 1 - 332

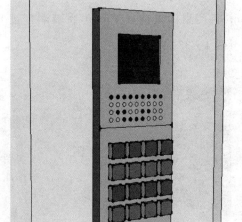

图 1 - 333

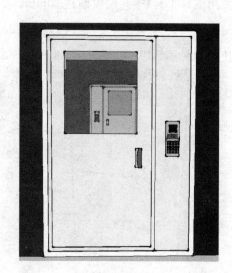

图 1 - 334

　　c.制作门前缓坡。进入墙面组件中，在门下方绘制厚 150mm 的矩形，再使用推拉工具 ⬇️
P 向外推出 1500mm，如图 1 - 335 所示。

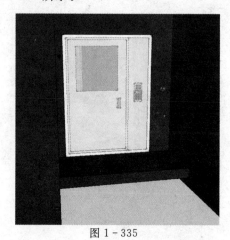

图 1 - 335

再使用直线工具 ✏ L 连接,形成坡面,如图 1-336 所示。

使用颜料桶 🖌 B 赋予沥青材质,如图 1-337 所示。

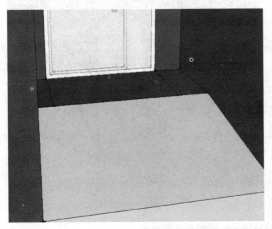

图 1-336　　　　　　　　　　　　　　　　　　图 1-337

在右边挤出信件箱,如图 1-338 和图 1-339 所示。

图 1-338　　　　　　　　　　　　　　　　　　图 1-339

d. 制作挑檐。进入组件绘制矩形,向外挤出,如图 1-340 至图 1-342 所示。

图 1 – 340   图 1 – 341

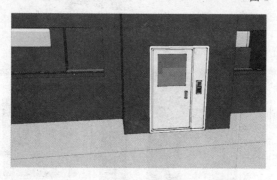

图 1 – 342

同理，制作窗框，如图 1 – 343 所示。

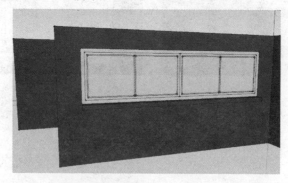

图 1 – 343

向外挤出窗檐，如图 1 – 344 和图 1 – 345 所示。

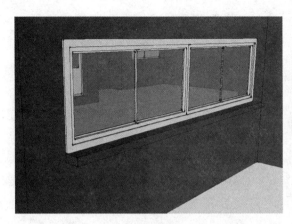

图 1 - 344

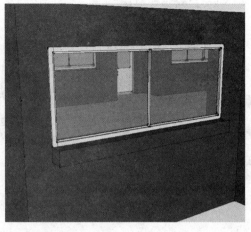

图 1 - 345

完成情况如图 1 - 346 所示。

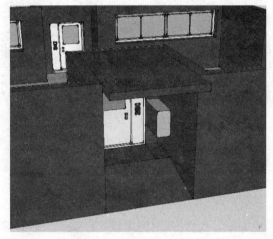

图 1 - 346

完成对"底层"操作,点击保存。

⑨制作中间楼层。设置层高为 18 层楼,为自定项。按住 Ctrl 选择所有 18 层的楼层,右击"设置自定项"。(依次修改 6 层和 24 层楼层)。具体如图 1 - 347 和图 1 - 348 表示。

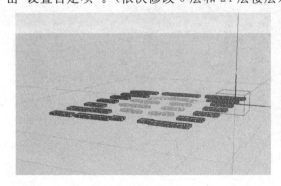

图 1 - 347

图 1 - 348

设置层高为 6 层楼,为自定项,如图 1-349 和图 1-350 所示。

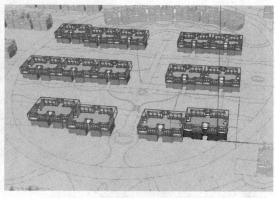

图 1-349   图 1-350

设置层高为 24 层楼,为自定项,如图 1-351 所示。

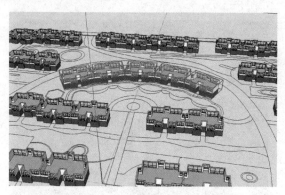

图 1-351

⑩向上复制 18 层楼中间层。选择 18 层的组件,进入组件,再新建组件。选中刚新建的组件,按 Ctrl+M 向上移动后,输入 17x,按回车键结束操作。

a.选择组件,进入组件,如图 1-352 和图 1-353 所示。

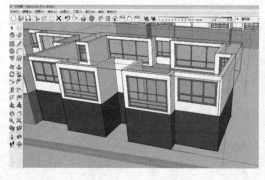

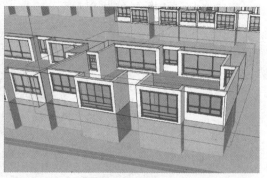

图 1-352   图 1-353

b. 按住"移动工具  M 键,选择模型右下角,再同时按住 Shift 键,向上移动复制一个, 如图 1-354 至 1-356 所示。

图 1-354　　　　　　　　　　　　　　　　　　图 1-355

图 1-356

技术要点:移动复制时选中角点,向上复制。

移动复制 18 层中间楼层。放开刚才按住的 Ctrl+M 键,输入 16x,然后回车(原先就有两 层楼,所以向上复制剩余的层数即可)。具体如图 1-357 所示。

图 1-357

"重新载入"18 层底层。复制完中间层后,如上操作,将 18 层底层楼用制作好的底层替 换,选择"重新载入",在弹出对话框中,选择"18 层底层",点击打开,如图 1-358 所示。

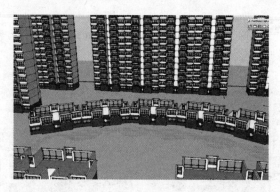

图 1 - 358

⑪修改楼顶。选择顶楼设置自定义项（顶楼没有屋顶，所以还要再次进行"储存为"操作，进行修改）。具体如图 1 - 359 所示。

图 1 - 359

进入组件，选择 18 层楼的顶层。右击设置自定项，如图 1 - 360 至图 1 - 363 所示。

图 1 - 360

图 1 - 361

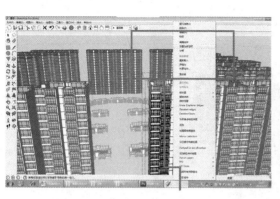

图 1 – 362

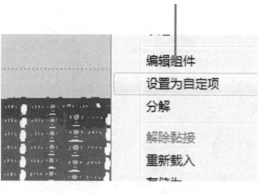

图 1 – 363

再次,右击选择"储存为",将文件另存为 E 盘"组件"文件夹中的"18 层"文件夹中,命名为"18 层顶层",如图 1 – 364 至图 1 – 367 所示。

图 1 – 364

图 1 – 365

图 1 – 366

图 1 – 367

打开刚才保存的"18 层顶层"SU 文件,并进入墙体组件里,如图 1 – 368 所示。

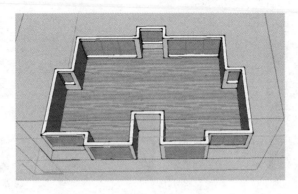

图 1 - 368

形成的屋顶如图 1 - 369 所示。

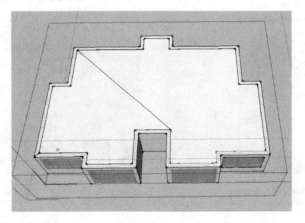

图 1 - 369

将墙外线,向外偏移 (快捷键 F)800mm,挤出 500mm 的厚度。再次向内偏移 (快捷键 F)150mm,挤出 800mm。具体如图 1 - 370 所示。

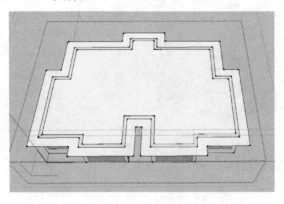

图 1 - 370

选中墙体，向上挤出 1200mm，作为房顶护栏，如图 1-371 至图 1-374 所示。

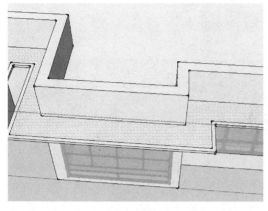

图 1-371

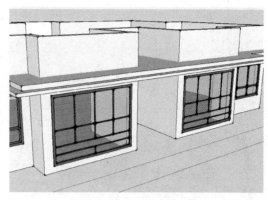

图 1-372

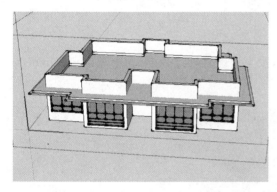

图 1-373

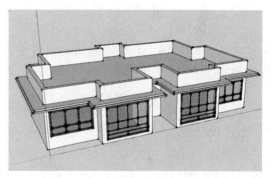

图 1-374

在屋顶，绘制矩形（5500,4700），挤出 2200mm，如图 1-375 所示。

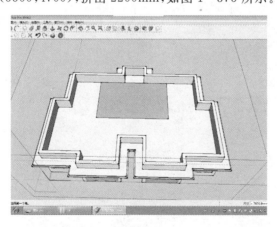

图 1-375

在顶面,向外便移400mm,使用直线工具 ✏ (快捷键L)连接对角线,如图1-376和图1-377所示。

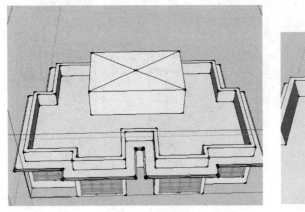

图1-376

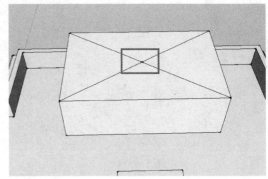

图1-377

在移动工具 ✦ M之下,点击对角线交点,按上键确定轴线为上,向上移动1500mm,如图1-378至图1-380所示。

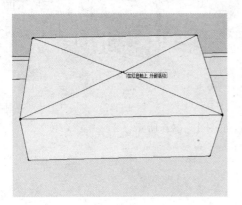

图1-378

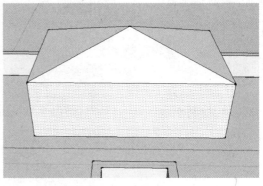

图1-379

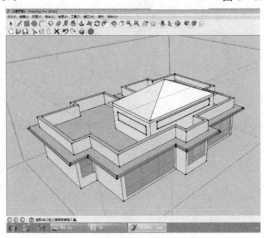

图1-380

使用偏移工具 (F)、颜料桶 (B)、推拉工具 (P)调整图形,如图 1-381 所示。

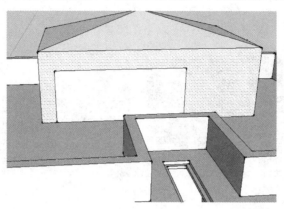

图 1-381

制作窗子和落地门,同时赋予屋顶、墙体、玻璃材质,如图 1-382 所示。

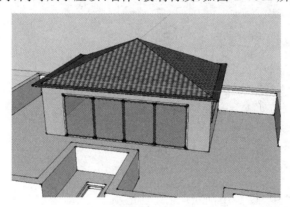

图 1-382

完成制作,保存文件,如图 1-383 和图 1-384 所示。

图 1-383

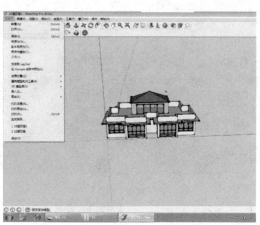

图 1-384

依照这样的方法,可再制作其他形式屋顶。

重新载入 18 层屋顶。打开文件,右击重新载入,如图 1-385 至图 1-387 所示。

图 1-385　　　　　　　　　　　　　　　　　图 1-386

图 1-387

⑫6 层。进入组件中,设置中间层"设置自定项"。移动复制工具 (M＋Ctrl),输入 4x,复制 4 层(原先就有两层楼,所以向上复制剩余的层数即可)。具体如图 1-388 和图 1-389所示。

图 1-388　　　　　　　　　　　　　　　　　图 1-389

选择 6 层楼顶,右击"设置为自定项",如图 1-390 所示。

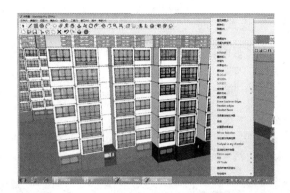

图 1－390

右击"重新载入"，在文件夹中选择"18 层楼顶"，如图 1－391 至 1－393 所示。

图 1－391

图 1－392

图 1－393

⑬24 层。进入组件中,设置中间层"设置自定项"。点击移动复制工具 (M +Ctrl),输入 22x,复制 22 层(原先就有两层楼,所以向上复制剩余的层数即可)。具体如图 1 - 394 至图 1 - 397 所示。

图 1 - 394

图 1 - 395

图 1 - 396

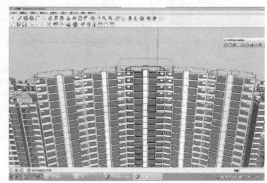

图 1 - 397

选择 24 层楼顶,右击"设置为自定项"。右击"重新载入",在文件夹中选择"18 层楼顶"。具体如图 1 - 398 至图 1 - 400 所示。

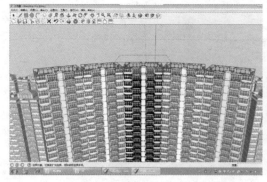

图 1 - 398

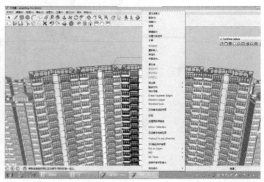

图 1 - 399

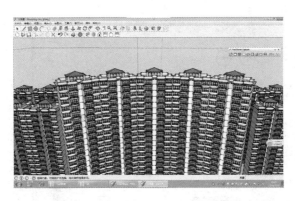

图 1-400

至此,高层楼层操作完成,如图 1-401 和图 1-402 所示。

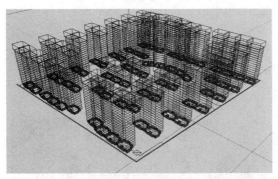

图 1-401   图 1-402

(2)地形。

①打开图层,关闭低层建筑,打开"地形"图层。完成高层建筑后关闭高层建筑图层,打开底层建筑和地面图层。如图 1-403 和图 1-404 所示。

图 1-403   图 1-404

在地面图层上,开始给地面赋予材质,如图 1-405 所示。

图 1-405

②使用不用的类别即赋予不同的材质，如图 1-406 和图 1-407 所示。

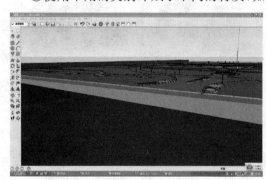

图 1-406   图 1-407

③公路向内偏移 50mm，赋予材质后，向上挤出 150mm 为路牙。小区道路也要同样有路牙，如图 1-408 所示。

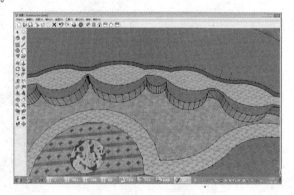

图 1-408

先分别赋予草地和公路草皮和沥青两种材质，如图 1-409 所示。

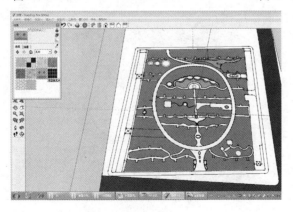

图 1-409

再赋予地砖材质,调整大小,如图 1-410 至图 1-412 所示。

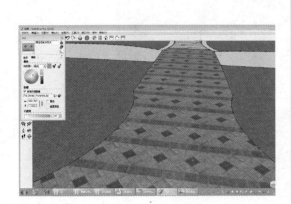

图 1-410

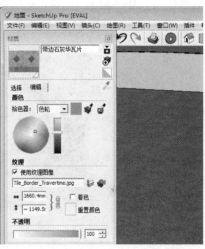

图 1-411

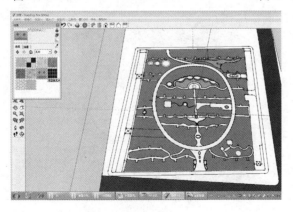

图 1-412

赋予木质贴图材质,如图 1 - 413 所示。

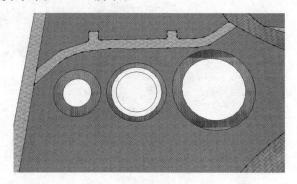

图 1 - 413

如果贴图大小不适宜,便要调整位置,如图 1 - 414 所示。

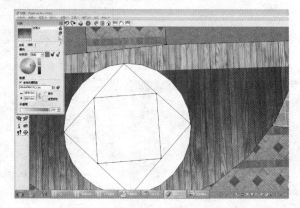

图 1 - 414

右击,选择"纹理"的"位置"选项,如图 1 - 415。

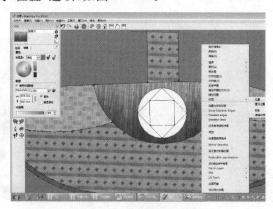

图 1 - 415

屏幕上会出现红绿黄蓝四种调整按钮,可根据需要调整到适宜大小,如图 1-416 所示。

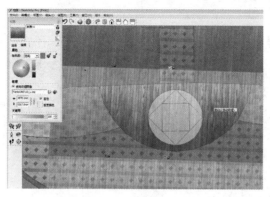

图 1-416

赋予水体材质,如图 1-417 所示。

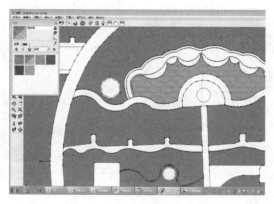

图 1-417

水池赋予石头的材质,向下挤出 1500mm,再按住 Ctrl 向上举出 1200mm,给复制的一层赋予水体材质,如图 1-418 至图 1-420 所示。

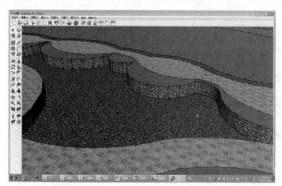

图 1-418

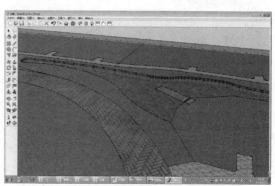

图 1-419

图 1-420

制作路牙,选择草地,向里偏移 50mm,赋予砖石材质,向上挤出 80mm,如图 1-421 至图 1-424 所示。

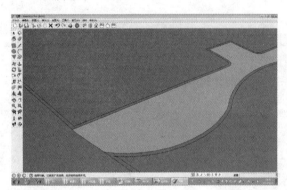

图 1-421

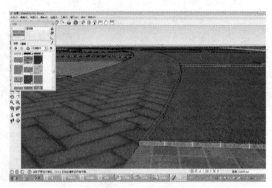

图 1-422

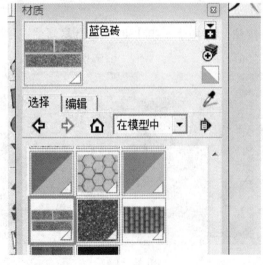

图 1-423

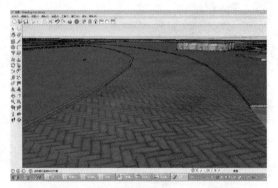

图 1-424

在做道牙时有些地方会将道路阻挡,如图 1-425 至图 1-426 所示。

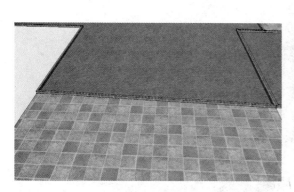

图 1 - 425

图 1 - 426

在边沿使用直线工具 （L）将多余的地方画线封面，如图 1 - 427 和图 1 - 428 所示。

图 1 - 427

图 1 - 428

使用推拉工具 （P）推下与地面同高，如图 1 - 429 和图 1 - 430 所示。

图 1 - 429

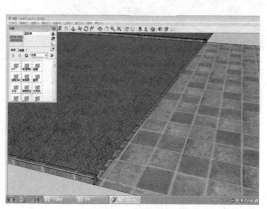

图 1 - 430

再赋予砖石材质,如图 1-431 所示。

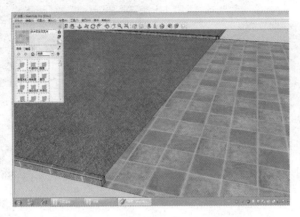

图 1-431

挤出花坛高 700mm,如图 1-432 至图 1-435 所示。

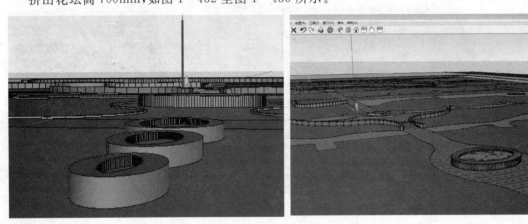

图 1-432   图 1-433

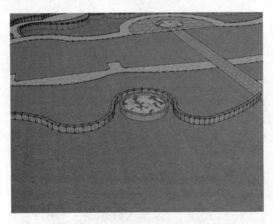   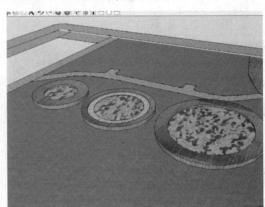

图 1-434   图 1-435

完成剩余操作,如图 1-436 所示。

小区出入口,并没有与公路连接,所以要连接它和公路,操作如图 1-437 所示。

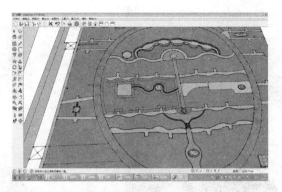

图 1 - 436

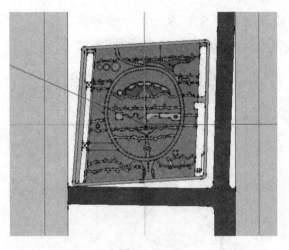

图 1 - 437

使用"直线工具 ✐ (L)和弧线工具 ◠ (Q),修改如图 1 - 438 至图 1 - 441 所示。

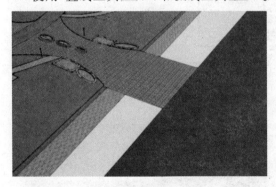

图 1 - 438　　　　　　　　　　　　　　　　　　图 1 - 439

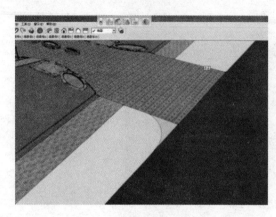

图 1 - 440   图 1 - 441

完成后,删除多余线条,并赋予材质,如图 1 - 442 所示。

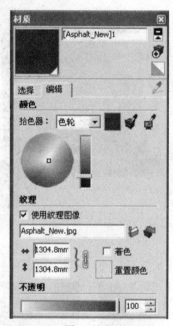

图 1 - 442

完成的效果图如图 1 - 443 和图 1 - 444 所示。

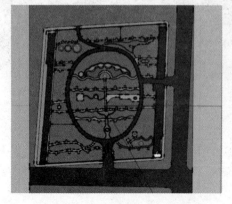
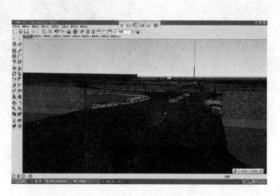

图 1 - 443   图 1 - 444

（3）底层商铺建筑。

①图层选低层建筑。将墙面内多余的线条删掉，新建组件，选中地面，使用偏移工具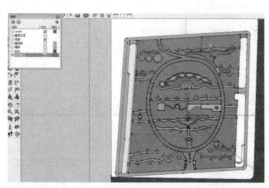
（F）偏移 250mm，如图 1-445 和图 1-446。

图 1-445

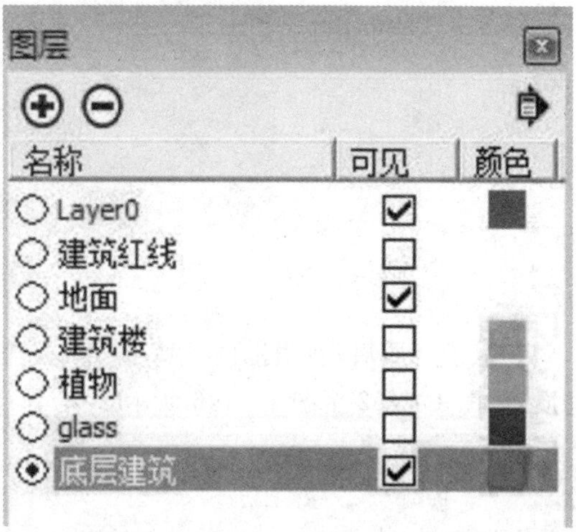

图 1-446

删掉多余线条，新建组件并进入组件，如图 1-447 至图 1-451 所示。

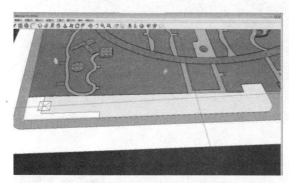

图 1-447

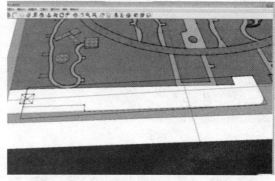

图 1-448

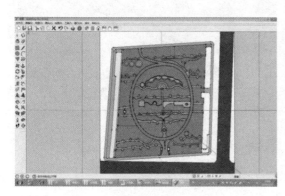

图 1-449

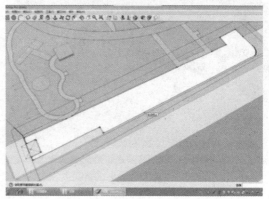

图 1-450

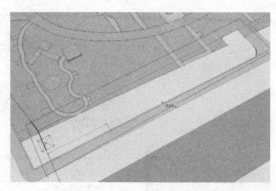

图 1 - 451

②赋予材质后,使用推拉工具 挤出墙面 3000mm。使用颜料桶 给墙面赋予材质,如图 1 - 452 至图 1 - 456 所示。

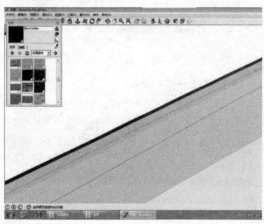

图 1 - 452

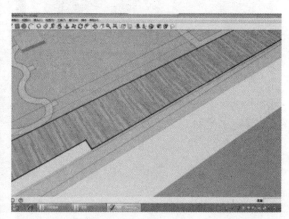

图 1 - 453

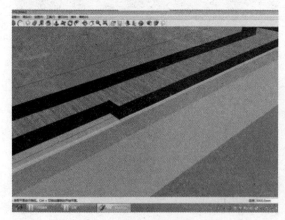

图 1 - 454

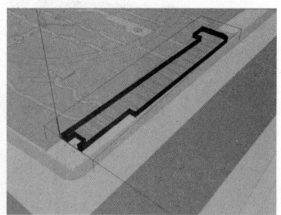

图 1 - 455

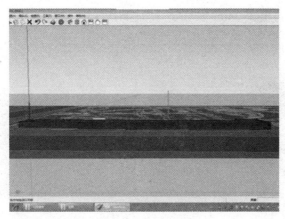

图 1 - 456

在墙面上,用矩形工具(R)画出(7000,1500)的矩形,如图 1 - 457 所示。

图 1 - 457

双击选中矩形,按 Ctrl+M 键,移动复制矩形,如图 1 - 458 所示。

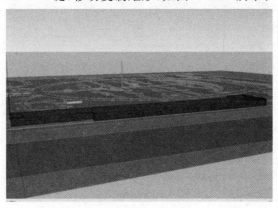

图 1 - 458

选中小矩形,向里挤出 250mm,如图 1-459 和图 1-460 所示。

图 1-459　　　　　　　　　　　　　　　　图 1-460

③新建组件,先安好窗户后,向上复制顶层,并设置自定项。进入安放好门窗,如图1-461所示。

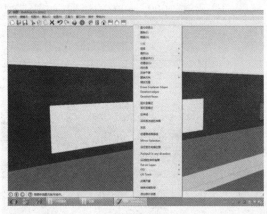

图 1-461

依次偏移 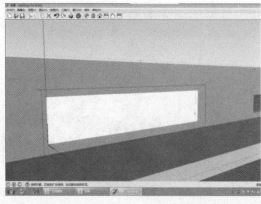(F)80mm、30mm、20mm,如图 1-462 所示。

图 1-462

选中最外框,向外使用推拉工具 💥 (P)挤出 150mm,如图 1-463 所示。

图 1-463

选中最里的边框,向里使用推拉工具 💥 (P)挤出 80mm,如图 1-464 和图 1-465 所示。

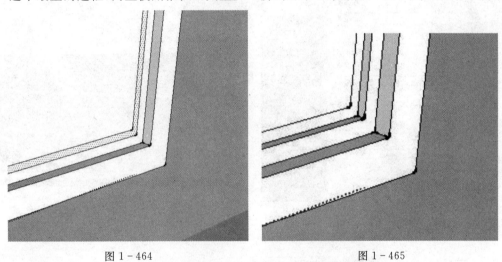

图 1-464　　　　　　　　　　　　图 1-465

选中玻璃,向里使用推拉工具 💥 (P)挤出 20mm,如图 1-466 所示。

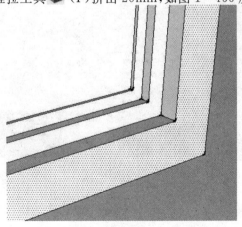

图 1-466

赋予窗框材质,如图1-467至1-471所示。

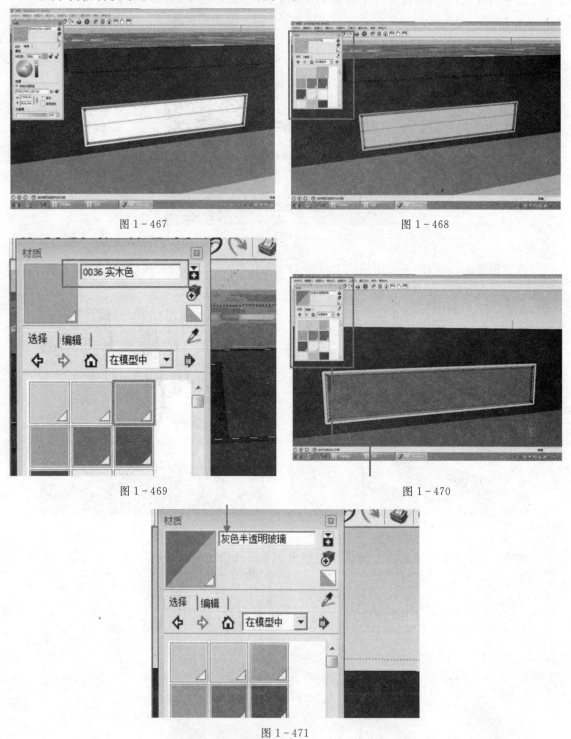

图 1-467

图 1-468

图 1-469

图 1-470

图 1-471

退出组件,将窗框Ctrl+M移动复制到其他窗洞,完成制作(有特定要求时,可再精细制作)。具体如图1-472所示。

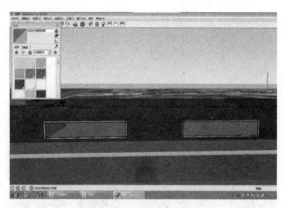

图 1－472

④给顶层绘制屋顶。

a. 选择墙面,向外偏移 (F)150mm,延墙面画矩形。

b. 使用推拉工具 (P)挤出 50mm 为房顶。

c. 并挤出墙面 1500mm 作水泥护栏。

退出组件,将楼向上复制一层,选中顶楼右击"设置为自定项",如科 1－473 至图 1－475 所示。

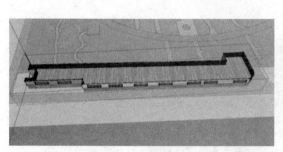

图 1－473

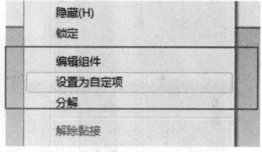

图 1－474

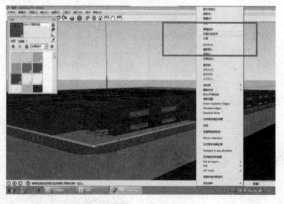

图 1－475

将顶楼的墙体材质修改,如图1-476所示。

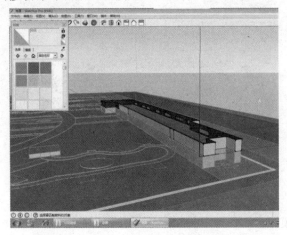

图1-476

利用对角线将楼顶封面,如图1-477至图1-480所示。

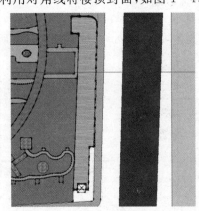

图1-477

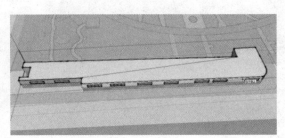

图1-478

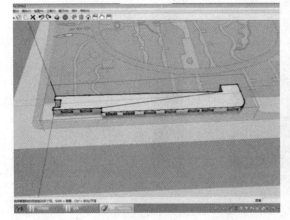

图1-479

图1-480

进入底层组件,开始制作店铺大门,先使用矩形工具▇(R)掏出门洞,如图1-481和图1-482所示。

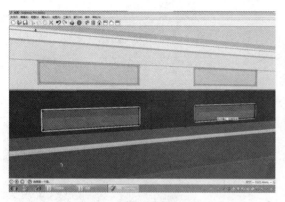

图 1-481

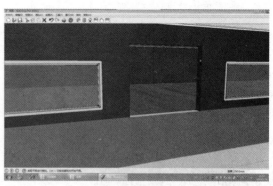

图 1-482

沿着门洞画矩形工具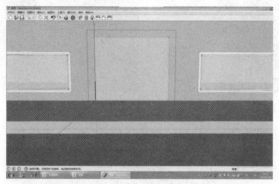(R)，并结成组件，如图 1-483 所示。

图 1-483

⑤制作门柄。使用跟随路径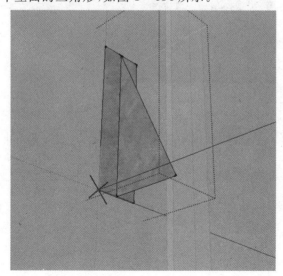(U)制作门柄。

首先在门柄，画一个立面的三角形，如图 1-484 所示。

图 1-484

在三角形上画弧线,如图 1-485 所示。

删除面和多余线条,只留下弧线,在弧线上画圆形,半径 300mm 所示,如图 1-486 所示。

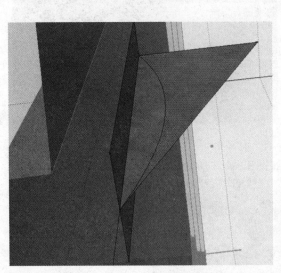

图 1-485   图 1-486

先选择弧线,再点击跟随路径 🖱(U),完成操作,如图 1-487 所示。

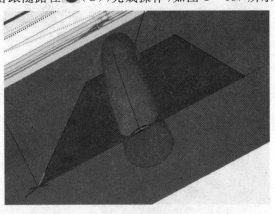

图 1-487

重复交替使用偏移工具,使用推拉工具 ♠(P),如图 1-488 和图 1-489 所示做成屋顶。

图 1 - 488

图 1 - 489

偏移挤出，使屋顶边线成型，如图 1 - 490 所示。

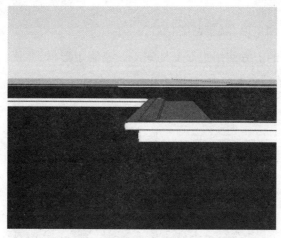

图 1 - 490

使用直线工具，连接边线，使屋顶连接成面，如图 1 - 491 所示。

图 1 - 491

修改顶面材质,如图1-492和图1-493所示。

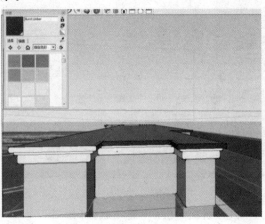

图1-492   图1-493

⑥放置广告牌。绘制矩形,赋予贴图材质。

a.贴图招牌。在门的上方使用矩形工具 (R)绘制矩形框,并使用推拉工具 (P)挤出50mm,打开颜料桶 (B)赋予贴图,如图1-494所示。

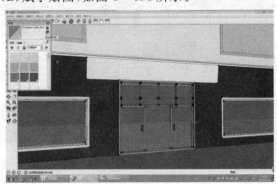

图1-494

选择"颜料桶对话框"中"创建材质"的按钮 ,如图1-495所示。

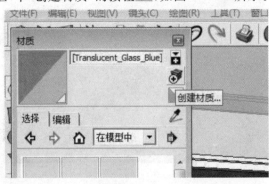

图1-495

弹出对话框后选择 按钮,如图1-496和图1-497所示。

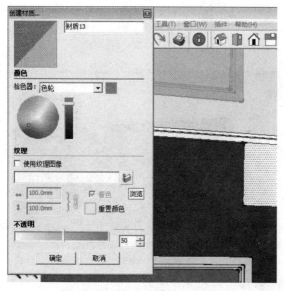

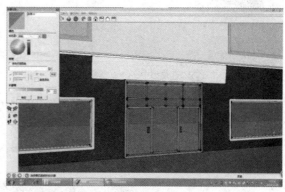

图 1-496

图 1-497

选择要赋予材质的贴图,如图 1-498 和图 1-499 所示。

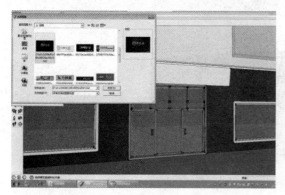

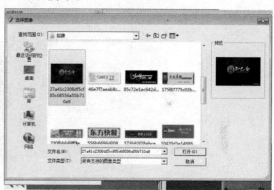

图 1-498

图 1-499

点击"确定"按钮,完成效果如图 1-500 和图 1-501 所示。

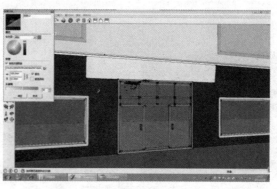

图 1-500

图 1-501

选择"编辑"按钮,对贴图大小进行调整,如图1-502至图1-504所示。

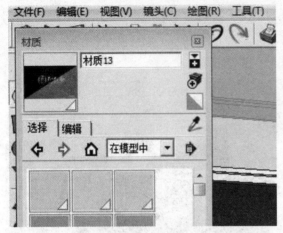

图1-502

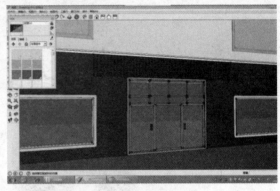

图1-503

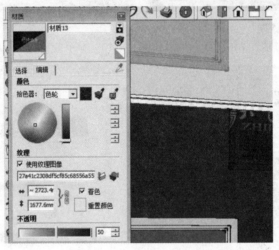

图1-504

关闭"材质对话框",将鼠标放置在贴图位置,右击选择"纹理"位置,进行更准确的调整,如图1-505和图1-506所示。

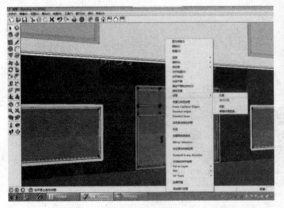

图1-505

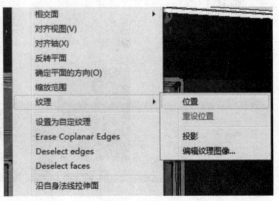

图1-506

出现四色图钉按钮,如图 1－507 和图 1－508 所示。

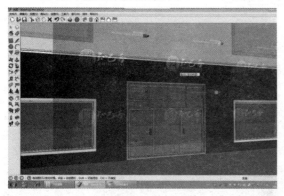 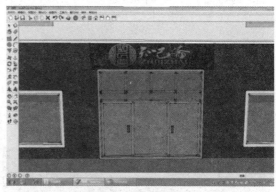

图 1－507　　　　　　　　　　　　　　　　　图 1－508

b.模型制作。绘制矩形,挤出 50mm,如图 1－509 所示。

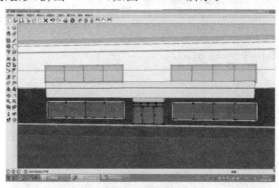

图 1－509

在矩形上再次绘制小矩形,选择向上挤出,如图 1－510 所示。

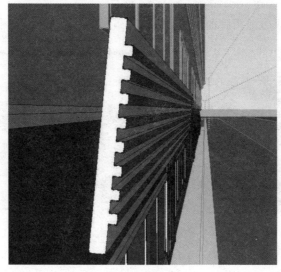

图 1－510

选择文字工具 ![A]，创建文字，如图 1-511 和图 1-512 所示。

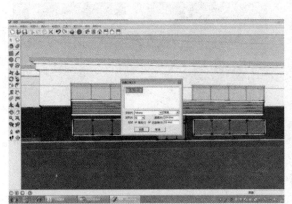

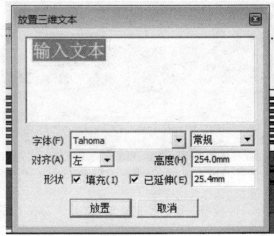

图 1-511

图 1-512

输入"粥到人家"，如图 1-513 所示。

图 1-513

任选一种方式，完成店铺招牌的制作，如图 1-514 至图 1-519 所示。

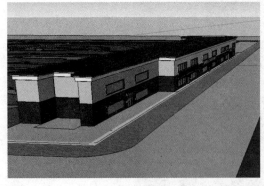

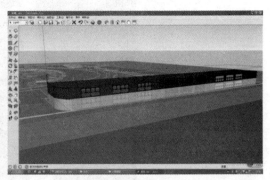

图 1-514

图 1-515

图 1 - 516

图 1 - 517

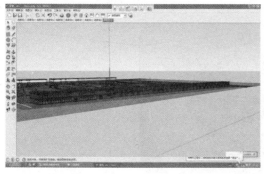

图 1 - 518

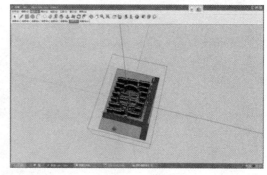

图 1 - 519

3. 植物和景观

（1）植物。

将"底层建筑"关闭图层。打开"植物"图层，如图 1 - 520 至图 1 - 522 所示。

图 1 - 520

图 1 - 521

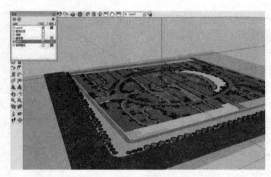

图 1-522

选择植物,并进入组件,如图 1-523 所示。

图 1-523

选中植物组件,进入组件。再次将植物生成组件,如图 1-524 至 1-528 所示。

图 1-524

图 1-525

图 1 - 526

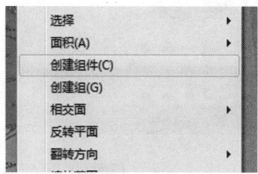

图 1 - 527

图 1 - 528

将 SU 界面缩小,并将打开的材质界面,同样缩小放在 SU 界面的左边,如图 1-529 所示。

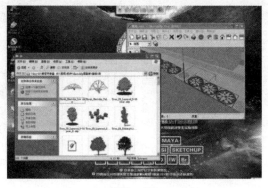

图 1 - 529

选中所需要的植物模型,鼠标左键点击(不要放开鼠标)直接拖入 SU 界面,如图 1-530至图 1-532 所示。

图 1-530　　　　　　　　　　　　　图 1-531

图 1-532

完成后,关闭材质界面。

技术要点:这样导入模型比点击[文件][导入]命令快捷。

打开 SU 界面,将它放置在平面植物图例的中心,选择立面植物组建,右击"分解",如图1-533和图 1-534 所示。

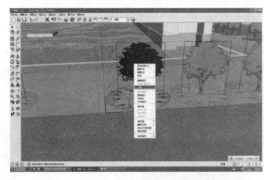

图 1-533　　　　　　　　　　　　　图 1-534

再次,创建组件。弹出'创建组件'对话框,选择"总是朝向镜头",如图 1-535 至图 1-537所示。

图 1-535

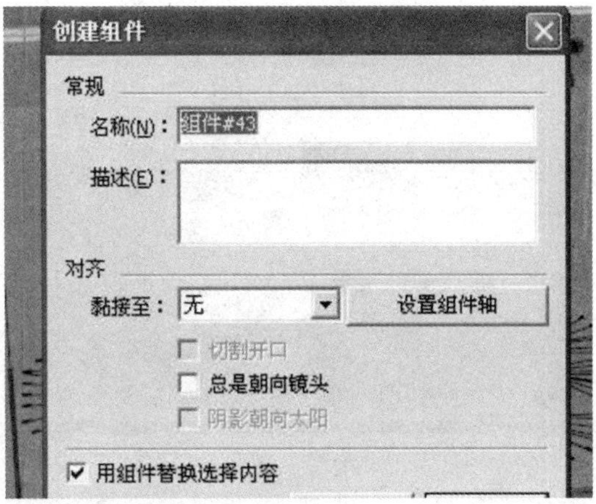

图 1-536

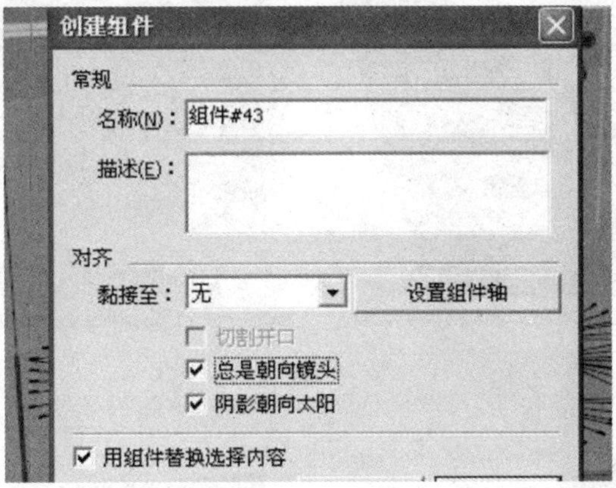

图 1-537

使用缩放工具 调整模型大小,如图 1-538 所示。

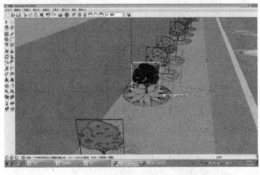

图 1-538

完成立面植物模型的操作后,选择平面植物组件,将它删除,如图 1-539 至 1-545 所示。

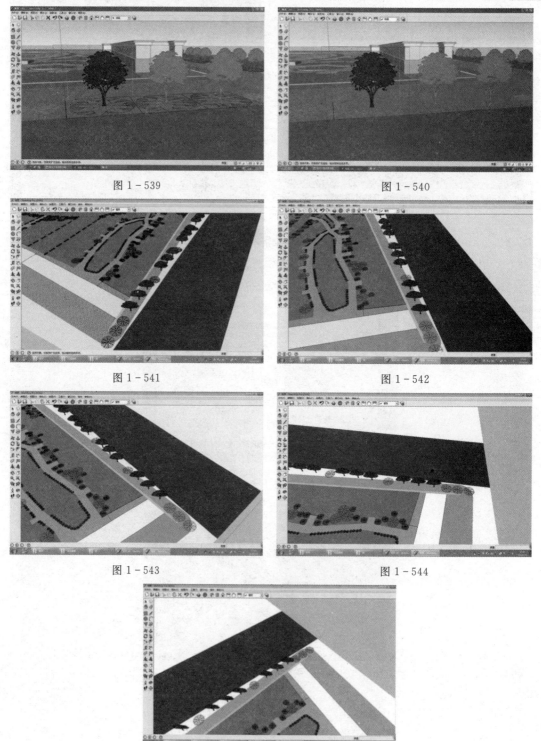

图 1-539

图 1-540

图 1-541

图 1-542

图 1-543

图 1-544

图 1-545

如上操作，完成剩余植物模型的导入，如图 1－546 和图 1－547 所示。

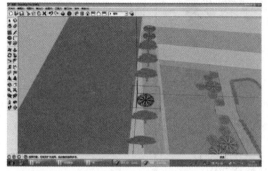

图 1－546

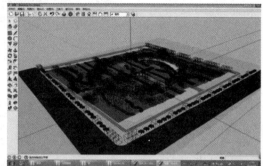

图 1－547

（2）设置场景。

选择场景的主要景点，利用漫游工具 确立适宜的视角。（一般视高为 1500～1700mm）
选择"窗口"菜单栏下的"场景"，如图 1－548 和图 1－549 所示。

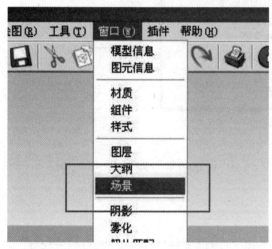

图 1－548

图 1－549

弹出"场景"对话框，如图 1－550 所示。

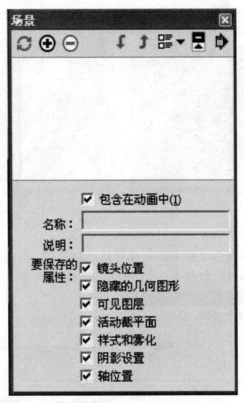

图 1-550

选择添加场景按钮 ⊕，如图弹出警告对话框，点击"创建场景"，如图 1-551 和图 1-552 所示。

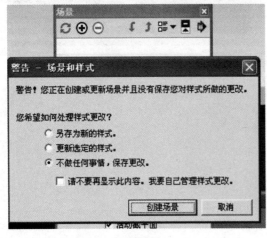

图 1-551

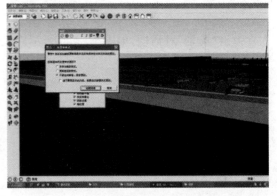

图 1-552

创建场景号 1 完成，如图 1-553 所示。

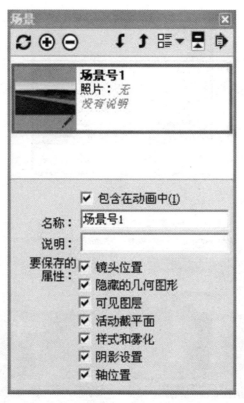

图 1 - 553

　　如上操作,选定 10 个场景,这次效果图只需要 5 个,但可以多做几份,如图 1 - 554 和图 1 - 555 所示。

图 1 - 554

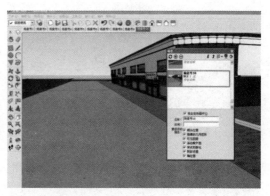

图 1 - 555

(3)小景观。

创建景观图层,此图层用以放置景观模型,如图 1 - 556 所示。

图 1 - 556

点击场景 1，拖入大门、车辆、人物模型，如图 1 - 557 至图 1 - 562 所示。

图 1 - 557

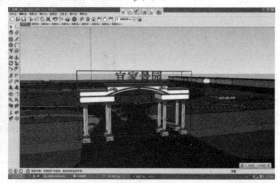

图 1 - 558

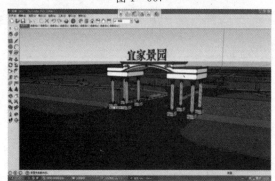

图 1 - 559

图 1 - 560

图 1 - 561

图 1 - 562

拉入模型,并在镜头内调整,如图 1－563 至图 1－565 所示。

图 1－563   图 1－564

图 1－565

安放完模型,打开显示建筑楼图层,如图 1－566 所示。

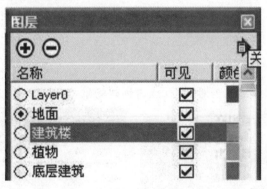

图 1－566

刷新场景,重新选择"窗口"菜单栏下的"场景",因为场景里添加了模型,也进行了调整,所以要将定义了的场景进行更新,如图 1－567 至图 1－569 所示。

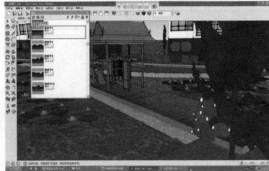

图 1－567   图 1－568

图 1－569

选择 更新按钮,弹出警告对话框,点击创建场景,如图 1－570 和图 1－571 所示。

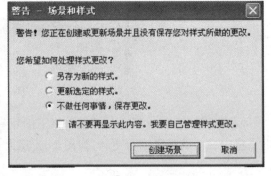

图 1－570   图 1－571

完成场景更新操作,依次更新剩余场景。完成模型的导入后,打开图层面板,将新增的模型图层全部合并到景观图层中,如图 1－572 至图 1－574 所示。

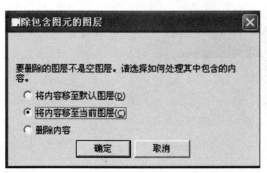

图 1－572

图 1－573

图 1－574

4. 出图

(1)剖面图。

打开"视图"菜单栏,选择"工具栏",点击打开截面工具 和视图工具 ,选择要截的面(截面工具只能在面上使用),用截面工具点击,如图 1－575 所示。

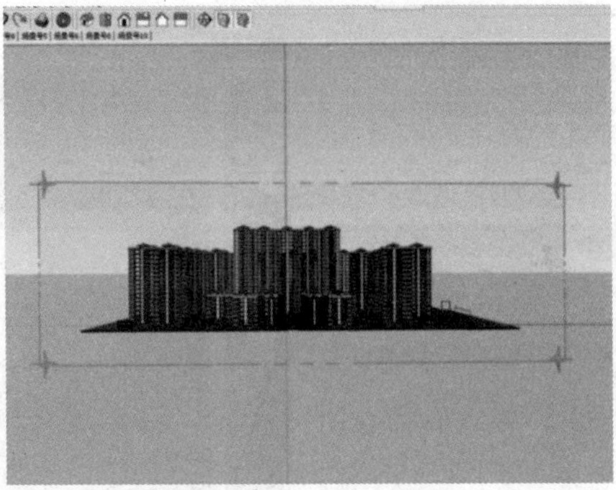

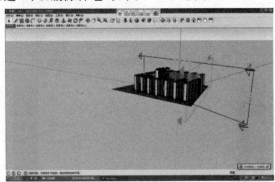

图 1 - 575

选中截面符号,"叉选"可以删除掉它,如图 1 - 576 所示。

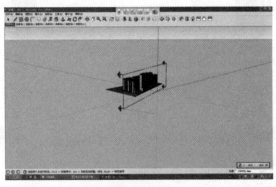

图 1 - 576

显示截面,如图 1 - 577 所示。

图 1 - 577

选择要截的面的视角,并选择要截的面,如图 1 - 578 和图 1 - 579 所示。

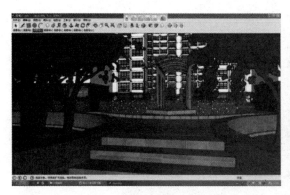

图 1 - 578

图 1 - 579

截面如图 1 - 580 所示。

图 1 - 580

使用隐藏截面 ，如图 1 - 581 和图 1 - 582 所示。

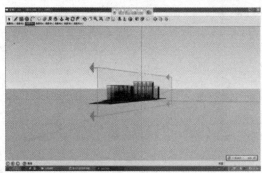

图 1 - 581

图 1 - 582

使用显示截面 显示前面因截面隐藏的面，如图 1 - 583 至图 1 - 585 所示。

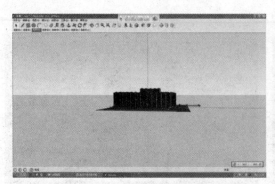

图 1 - 583

图 1 - 584

图 1 - 585

隐藏截面工具,如图 1 - 586 所示。

显示剖切面,如图 1 - 587 所示。

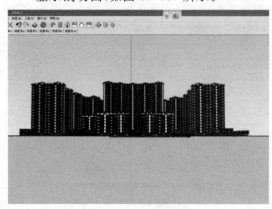

图 1 - 586

图 1 - 587

轴线(鸟瞰)如图 1 - 588 所示。

顶视如图 1 - 589 所示。

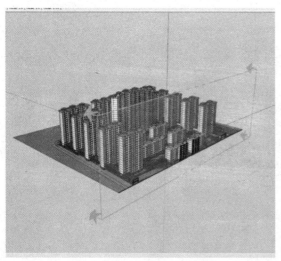

图 1 - 588

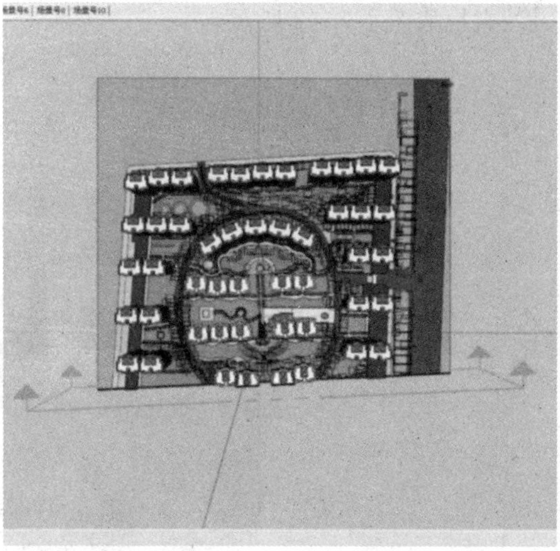

图 1 - 589

前视如图 1 - 590 所示。

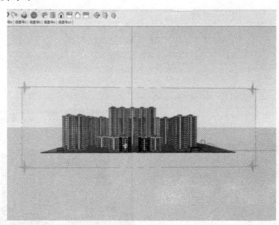

图 1 - 590

左视如图 1 - 591 所示。

图 1 - 591

右视如图 1-592 所示。

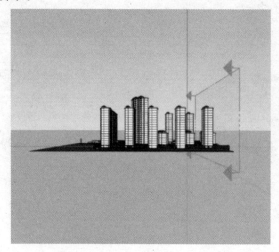

图 1-592

后视如图 1-593 至 1-596 所示。

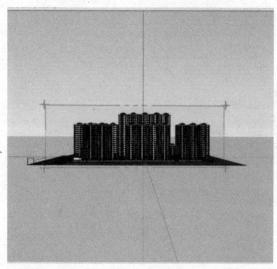

图 1-593

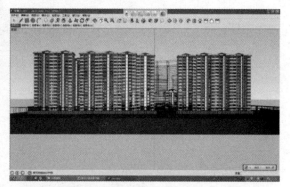

图 1-594

图 1-595

图 1-596

选择"文件"菜单栏,点击"导出"下子窗口"二维图型"。导出"二维图型",同样可以导出模型的立面图。子菜单下的剖面可以导出所截剖面的 CAD 图,如图 1-597 至图 1-607 所示。

图 1-597

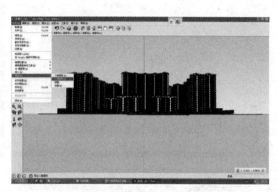

图 1-598

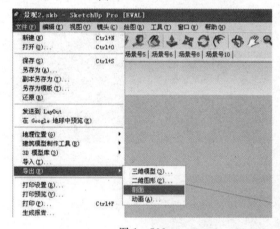

图 1-599

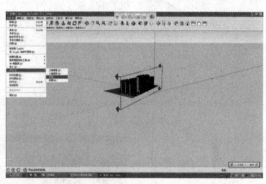

图 1-600

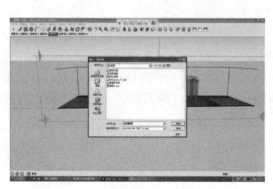

图 1-601

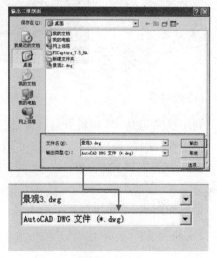

图 1-602

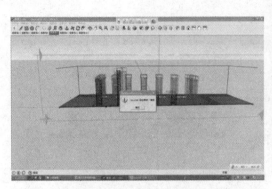

图 1 - 603

图 1 - 604

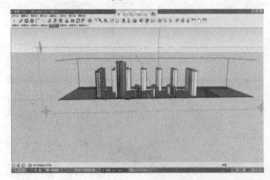

图 1 - 605

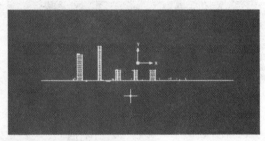

图 1 - 606

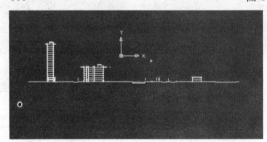

图 1 - 607

（2）效果图。

利用视图工具 🏠 和场景选择要导出的视角。

①选择"文件"菜单栏，点击"导出"下子窗口"二维图型"，会快速地得到质量低的效果图。

②点击渲染插件渲染图片，会得到高清晰的效果图。（因文件大小，渲染速度会有所变化。）

顶视如图 1 - 608 所示。

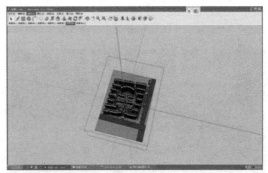

图 1－608

轴线(鸟瞰)如图 1－609 至 1－612 所示。

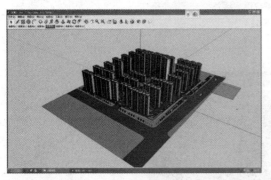

图 1－609

图 1－610

图 1－611

图 1－612

场景 1 如图 1－613 所示。

图 1－613

场景 2 如图 1-614 所示。

图 1-614

场景 3 如图 1-615 所示。

图 1-615

场景 4 如图 1-616 所示。

图 1-616

场景 5 如图 1 - 617 所示。

图 1 - 617

场景 6 如图 1 - 618 所示。

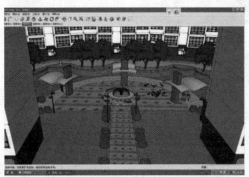

图 1 - 618

场景 7 如图 1 - 619 所示

图 1 - 619

1.6　V-Ray for SketchUp 渲染

以简单的小场景渲染为例,讲解 V-Ray for SketchUp。

1. V-Ray for SketchUp 的安装

（1）安装 V-Ray 1.49.02 顶渲中英文双语切换版＋SUAPP for Sketch Up 6_7_8.exe。打开文件位置，双击"⊙"图标按照提示安装 V-Ray。

（2）启动 SketchUp，软件界面中会出现一个浮动的 V-Ray 工具条，此工具条可托至工具栏放置，如图 1－620 和图 1－621 所示。

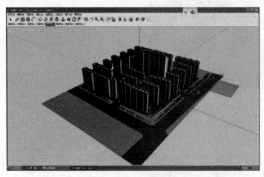
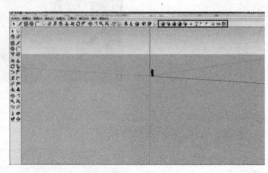

图 1－620　　　　　　　　　　　图 1－621

技术要点：如果界面中没有出现浮动的 V-Rray 工具条，可通过菜单栏中"视图"→"工具栏"→"V-Rray for Sketch"找出。

2. 小场景的渲染

（1）打开一个小场景的模型如图 1－622 所示。

图 1－622

（2）在渲图之前，先调整场景的角度至所要表现的角度，通过"视图"→"动画"→"添加场景"保存调整好的角度，以便需要时直接切换出来，如图 6－623 所示。

图 1－623

(3)单击 V-Ray 工具条中""按钮,打开 V-Ray 渲染设置面板,如图 1-624 所示。

图 1-624

(4)单击"图像采样器",打开"图像采样器"的有关设置。将"类型"切换成"自适应纯蒙特卡罗",将"抗锯齿过滤"切换成"Catmull Rom",如图 1-625 所示。

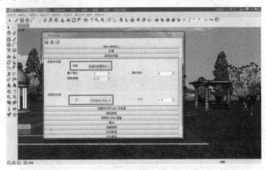

图 1-625

技术要点:这样设置可以得到比较清晰的边缘,可以使毛发之类物体的细节部分得到保留,使渲染出的图像更加细腻。

(5)单击"发光贴图",打开"发光贴图"的有关设置。将"最小比率"设为"-3",将"最大比率"设为"-1",如图 1-626 所示。

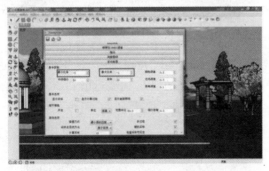

图 1-626

技术要点:此处的"最大比率"和"最小比率"的设置,通常不会大于 0。

(6)单击"灯光缓存",打开"灯光缓存"的有关设置。将"细分"设为"1000",如图 1-627 所示。

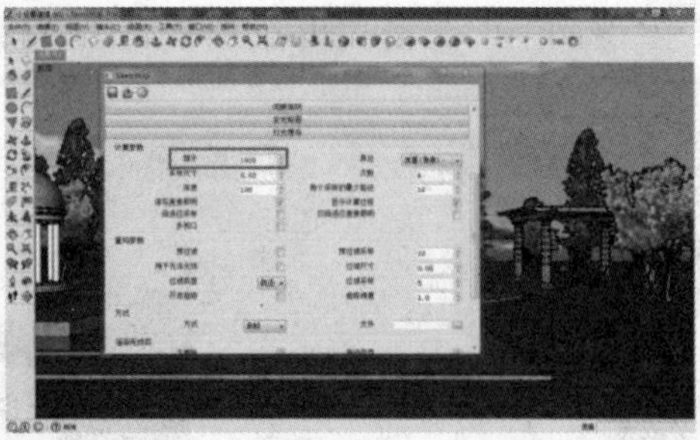

图 1 - 627

(7)单击"输出"。在输出尺寸中有六种已存在的输出大小,可以根据要求进行选择,也可以通过调整"长度"和"宽度"进行设置,如图 1 - 628 所示。

图 1 - 628

(8)将场景切换到之前调整好的场景角度,单击 V-Ray 工具条中" ⓡ "按钮,开始场景的渲染,如图 1 - 629 所示。

图 1 - 629

(9)渲染完成后,单击渲染窗口中的" 💾 "按钮,将渲染完成的图像进行保存,如图 1 - 630 所示。渲染完成的图像效果还有很多不恰当的地方,需要运用 Photoshop 软件进行后期的处理。

图 1 - 630

第2章 彩绘大师(Piranesi)效果图手绘处理软件要点集锦

撤销或者恢复键为 Ctrl+Z,新建键为 Ctrl+N,吸取颜色用 Alt 键,擦出手绘痕迹 ▨ 。

本软件关键词:EPX 文件格式、显示\隐藏样式管理器▦、锁定▦▦。

彩绘大师(Piranesi)又名"空间彩绘大师",是由 Informatix 英国公司与英国剑桥大学都市建筑研究所针对艺术家、建筑师、设计师研发的三维立体专业彩绘软件。Piranesi 这个名字取自于 18 世纪意大利建筑师、艺术家乔瓦尼·巴蒂斯塔·皮拉内西(Giocanni Battista Piranesi)的名字。

Piranesi 拥有完善的手绘模拟系统,能够反复自由地添笔、校正,可以作为 SketchUp 的表现搭档,最后形成水彩、水粉、油画、马克笔等手绘风格的作品。

彩绘大师(Piranesi)完成效果图,如图 2-1 和图 2-2 所示。

图 2-1   图 2-2

(1)进入草图大师 SketchUp,打开之前制作的小场景,如图 2-3 所示。

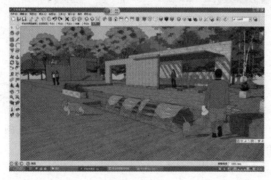

图 2-3

（2）在彩绘大师（Piranesi）中制作天空效果，将天空背景设为纯白色。点击窗口下样式（风格）修改，如图2-4所示。

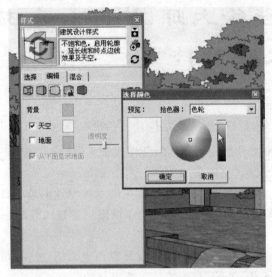

图2-4

（3）在草图大师SketchUp导出二维EPX格式图像，如图2-5和图2-6所示。

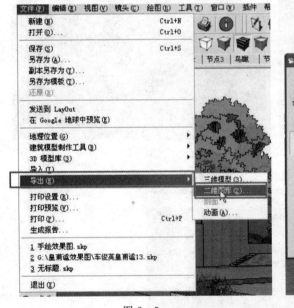

图2-5

图2-6

（4）点击面板右下角选项，设置文件大小、品质，如图2-7所示。

图 2-7

(5)进入彩绘大师(Piranesi),打开该文件,如图 2-8 所示。

图 2-8

(6)点选画笔工具 ,点击下拉菜单或者显示\隐藏样式管理器 ,选择画笔(brushes),如图 2-9 所示。

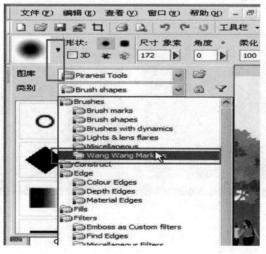

图 2-9

(7)选择马克笔画笔,设置大小,按 Alt 键在画面有树丛的地方吸取颜色,混合模式点选"墨水",如图 2-10 和图 2-11 所示。

图 2-10

图 2-11

技术要点：①鼠标移动到![] 会变为![]，可以修改画笔角度以及比例；②混合模式可以根据自己的需要调整；③不透明度的修改也可以根据需要调整。

（8）在画面中穿插使用不透明度，调整画笔大小、角度，混合模式的设置，进行手绘制作，如图 2-12 和图 2-13 所示。

图 2-12

图 2-13

技术要点：①撤销或者恢复键为 Ctrl+Z；②擦出手绘痕迹![]；③最好有手绘基础。

（9）使用铅笔工具![]画直线，补充投影以及需要反映质感的地方，如图 2-14 和图 2-15 所示。

图 2-14

图 2-15

（10）使用画笔工具不同的风格处理画面，配合工具形状属性中 3D（自动适应画面立体效果），如图 2-16 至图 2-20 所示。

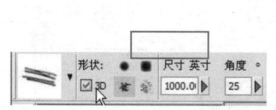

图 2－16　　　　　　　　　　　　　　　　　图 2－17

图 2－18　　　　　　　　　　　　　　　　　图 2－19

图 2－20

(11)勾选纹理,选择贴图,处理天空效果,同时处理树,如图 2－21 和图 2－22 所示。

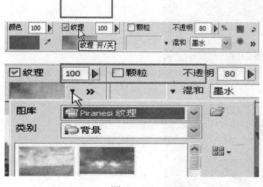

图 2－21　　　　　　　　　　　　　　　　　图 2－22

(12)选择近似花草的画笔形状,然后选择勾选"纹理",调整纹理材质,处理花坛,如图 2－23 至图 2－27 所示。

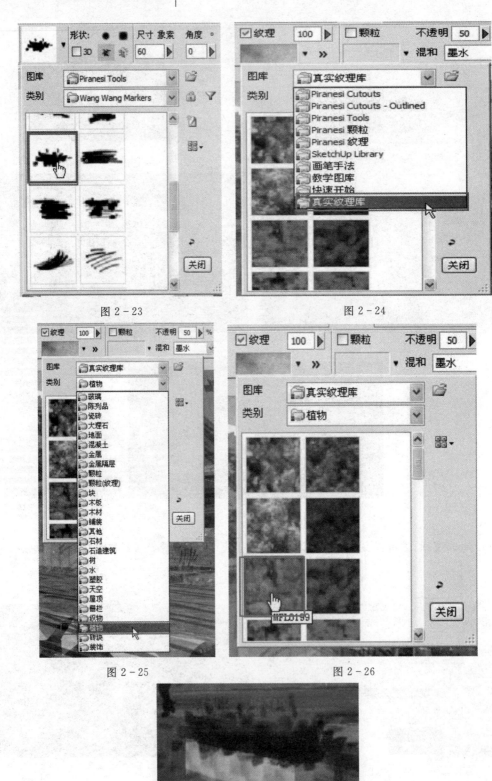

图 2-23

图 2-24

图 2-25

图 2-26

图 2-27

(13)使用锁定工具 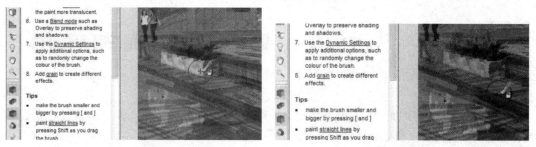,进行画面颜色的修改,如图 2-28 和图 2-29 所示。

图 2-28 图 2-29

(14)文件的导出与保存,注意文件格式,如图 2-30 和图 2-31 所示。

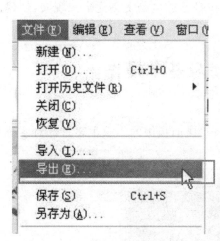

图 2-30 图 2-31

(15)完成效果,如图 2-32 所示。

图 2-32

第3章 Lumion 景观设计案例运用

Lumion 是一款实时的 3D 可视化软件,用于制作电影和静帧作品,涉及的领域包括建筑、规划和景观设计等。

Lumion 采用图形化操作界面,兼容 DAE、FBX、MAX、3DS、OBJ、DXF 格式,同时支持 TGA 导入。在软件中内置了大量动植物素材,通过色彩的添加和对真实光线、海洋水体、云雾和材质的调整,可以模拟真实环境,以便于用户直接在自己的电脑上创建虚拟现实,创建出惊人的可视化效果。

3.1 Lumion 的界面及基本操作

1. 初始界面

启动 Lumion 后,首先出现的是 Home(欢迎)面板,该面板中的参数主要是针对系统和账号的设置,如图 3-1 所示。

图 3-1

2. New(新建)面板

在 New(新建)面板中可以根据 Lumion 提供的各种地貌建立相应的场景文件,如图 3-2 所示。

图 3-2

3. 工作界面

新建一个场景，进入场景后整个工作界面大致可以分为输入界面、操作界面和输出界面三个部分，如图 3-3 所示。

图 3-3

4. 操作界面

在操作界面中可以使用鼠标或键盘上的按键进行下列快捷操作。

(1)按住鼠标右键不放并进行移动，将转动摄像机(控制视角变化)。

(2)向前滚动鼠标中键将拉近摄像机，向后滚动鼠标中键将拉远摄像机。

(3)按住鼠标中键不放并进行移动，摄像机将平移。

(4)按下键盘上的"W"键或"上"键，摄像机将向前移动。

(5)按下键盘上的"S"键或"下"键，摄像机将向后移动。

(6)按下键盘上的"A"键或"左"键，摄像机将向左移动。

(7)按下键盘上的"D"键或"右"键，摄像机将向右移动。

(8)按下键盘上的"Q"键，摄像机将向上移动。

(9)按下键盘上的"E"键，摄像机将向下移动。

(10)下上述快捷键的同时按住 Shift 键，摄像机将加速移动(上述按键可组合使用)。

5. 输出界面

输出界面中的工具主要用于输出场景、照片或视频等，同时还可以打开帮助文件或对系统进行设置，如图 3-4 所示。

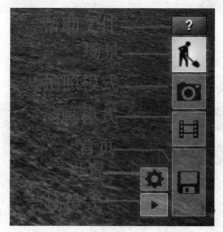

图 3-4

6. 场景

单击"场景" ▲ 按钮,将从其他的编辑模式中转换到场景中来。

拍照模式也称照片输出模式,在场景中选择一个合适的角度,然后单击"拍照模式" 📷 按钮,此时界面将跳转到照片输出界面,单击照片下面的各个按钮,即可将其保存为不同大小的图像文件,如图 3-5 所示。

图 3-5

7. 动画模式

动画模式也称视频输出,单击"动画模式" 🎞 按钮,界面将跳转到视频输出界面,在该界面中任意选择一张胶片,将弹出如图 3-6 所示的三个工具。

图 3-6

单击动画纪录工具,将切换到动画纪录界面,用户可以调整动画的对比度、焦距和播放速度等属性,也可以通过"拍摄" 📷 按钮来设定关键帧,关键帧缩略图会在下方显示,如图 3-7 所示。

图 3-7

3.2　Lumion 的运用

本例选用我们在 SketchUp 中创建的小场景模型,如图 3-8 所示。

图 3-8

1. 导出 SU 模型

(1)运行 SketchUp,如图 3-9 所示。

图 3-9

(2)首先将场景中的人和树,还有路灯座椅之类的配景隐藏或删除,完成后,执行"文件—导出—三维模型"如图 3-10 所示。

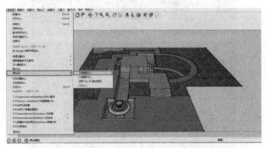

图 3-10

(3)Lumion 支持导入 DAE、FBX、MAX、3Ds 等格式的文件,其中 SketchUp 的文件以 DAE 格式最为合适,如图 3-11 和图 3-12 所示。

技术要点:在 SketchUp 中导出的 DAE 格式的文件名称和输出路径不能含有汉字,名称用英文字母命名,否则模型导入到 Lumion 后无材质显示。

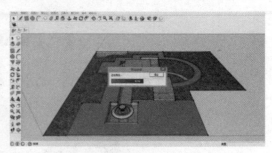

图 3 - 11   图 3 - 12

2. 导入 SU 模型

(1)启动 Lumion。

①设置语言,点击左上角 ![US旗] 国旗按钮,点开之后,将语言切换成中文,如图 3 - 13 和图 3 - 14 所示。

图 3 - 13   图 3 - 14

②点击首页 ![i] 按钮设置,在设置里面进行参数设置,如图 3 - 15 所示。

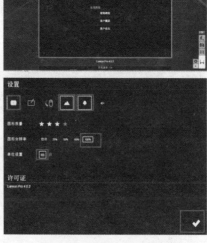

图 3 - 15

③点击新建场景 ![按钮],这里有九个场景模板,选择第一个 Grass 场景模板,如图 3 - 16 所示。

图 3 - 16

进入 Lumion 的场景编辑模式,也被称为编辑器模式或场景创建模式,根据其工作性质不同,还被分为了拍照模式、动画模式、文件、设置、会场模式,这几个模式可通过右下角的图标进行切换,如图 3 - 17 所示。

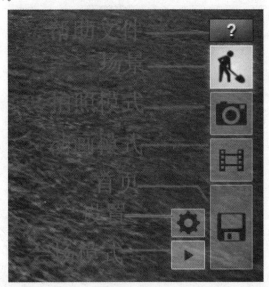

图 3 - 17

④点击左边的导入按钮█,再点击下边的添加新模型按钮█将 DAE 文件导入场景,如图 3 - 18 和图 3 - 19 所示。

图 3 - 18

图 3 - 19

⑤导进来的模型将它放置在一个合适的位置,如图 3 - 20 和图 3 - 21 所示。

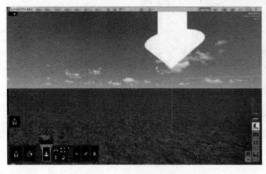 

图 3 - 20   图 3 - 21

⑥用调整高度按钮![]将放置好的模型向上移动一小段距离,将模型移到合适的高度,如图 3 - 22 所示。

图 3 - 22

(2)编辑材质。

①点击编辑材质按钮![],再点击左下角的小加号添加材质,为场景添加水的材质,如图 3 - 23 至图 3 - 25 所示。

图 3 - 23   图 3 - 24

图 3 - 25

②水的材质赋予完成后,可以通过该材质下方的参数调整材质属性,如图 3 - 26 和图 3 - 27所示。

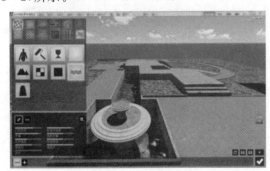

图 3 - 26

图 3 - 27

③完成水体材质后,继续点击小加号,添加喷泉的水的材质,如上述,如图 3 - 28 和图 3 - 29所示。

图 3 - 28

图 3 - 29

④选中铺装,添加铺装材质,如图 3 - 30 至 3 - 33 所示。

图 3－30

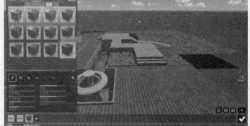

图 3－31

图 3－32

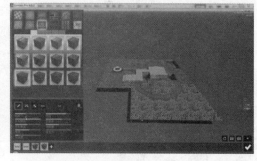

图 3－33

（3）添加景观素材。

单击物体按钮 ，放置景观素材的配景，如图 3－34 和图 3－35 所示。

图 3－34

图 3－35

（4）导出动画。

点击动画模式按钮 ，点击录制，选好角度，点击拍摄照片，每隔一段距离拍一张照片，直至走完整个场景，完成后点右下角勾号，如图 3－36 至图 3－38 所示。

图 3－36

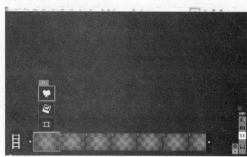

图 3－37

图 3 - 38

(5)添加特效。

①艺术特效。

a.点击新增特效按钮，选择艺术按钮，选择"体积光"特效，如图 3 - 39 至图 3 - 41 所示。

图 3 - 39　　　　　　　　　　　　　　　图 3 - 40

图 3 - 41

b.点击播放查看场景效果，如图 3 - 42 所示。

图 3 - 42

②人物行走。

a.点击新增特效按钮 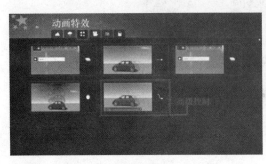,如图 3-43 和图 3-44 所示。

图 3-43　　　　　　　　　　　　　　　　　图 3-44

b.先选中一个要行走的人物,将这个人物先向后拖一点距离给起始位置,然后在时间关键帧中点一段时间,再将人拖到和时间关键帧上一样的时间,时间关键帧上点多长时间就把人物拖多长时间,直到人物走完整个关键帧为止,如图 3-45 至图 3-47 所示。

图 3-45　　　　　　　　　　　　　　　　　图 3-46

图 3-47

c.完成后点击右下角保存,将会弹出一个设置面板,进行如下设置,如图所示 3 - 48 和图 3 - 49所示。

图 3 - 48

图 3 - 49

第4章 EDUIS 6 的安装及小视频的简单制作

讲解"EDUIS 6"的安装以一个简单小视频的制作为例,并同时讲解"EDUIS 6"的简单操作。

4.1 EDUIS 6 的安装

(1)打开"EDUIS 6"安装文件所在位置,双击" EDIUS_v602.exe "文件,打开"EDUIS 6"的安装程序。屏幕上会出现如图 4-1 所示窗口,点击"Next"按钮继续,如图 4-2 所示。

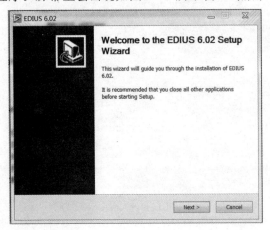

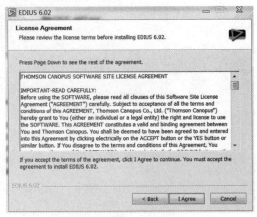

图 4-1   图 4-2

(2)点击"Browse"按钮,选择安装的路径,点击"Next"继续,如图 4-3 和图 4-4 所示,点击"Next"继续。

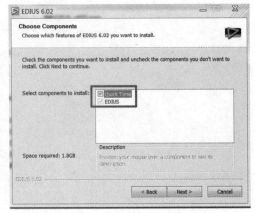

图 4-3   图 4-4

（3）勾选如图 4 - 5 所示区域，点击"Next"，出现如图 4 - 6 和图 4 - 7 所示窗口。勾选如图 4 - 7 所示区域，点击"Finish"完成操作。

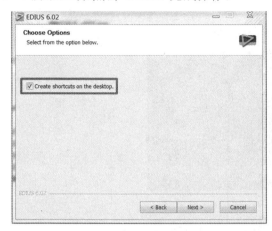
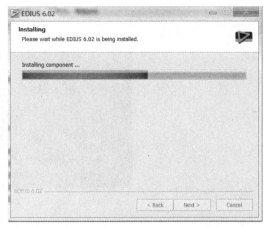

图 4 - 5   图 4 - 6

图 4 - 7

（4）在安装文件中找到"setup.exe"文件，双击打开，如图 4 - 8 所示。点击"Install"进行下一步操作，点击"Finish"完成安装。

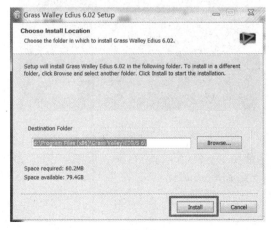

图 4 - 8

4.2　工程项目设置

（1）首次运行"EDIUS"软件，弹出文件夹设置窗口，如图 4-9 所示。

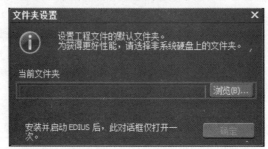

图 4-9

　　技术要点：该文件夹是运行软件保存工程文件及素材的目录，安装并启动 EDIUS 后，文件夹设置窗口仅打开一次，所以为了不影响软件性能，最好选择非系统盘。

（2）设置"EDIUS"工程文件的默认文件夹，点击"确定"，弹出创建工程预设窗口，如图 4-10 所示，在"尺寸"、"帧速率"、"比特"栏中分别选择如图所示项。

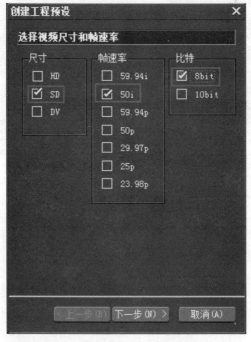

图 4-10

　　（3）单击"下一步"弹出如图 4-11 所示窗口，单击"完成"弹出如图 4-12 所示窗口，在工程文件选项中设置工程的名称和文件夹。

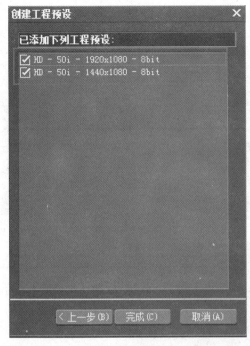

图 4-11

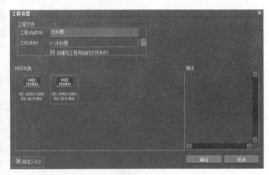

图 4-12

（4）勾选"自定义"，双击工程打开工程设置窗口，如图 4-13 所示。在"视频预设"选项后的下拉菜单中选择第一项（ HD 1920 × 1080 59.94i ），在"渲染格式"的下拉菜单中选择第二项（ Canopus HQ 标准 ），单击"确定"完成工程设置。

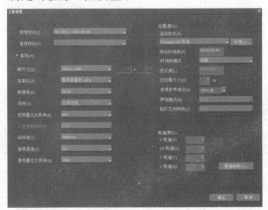

图 4-13

4.3　运行软件并导入制作小·视频的素材

（1）双击桌面" "图标，运行软件，出现如图 4-14 所示窗口，点击新建工程按钮，出现如图 4-15 所示窗口，点击"确定"打开"EDIUS 6"的工作界面，如图 4-16 所示。

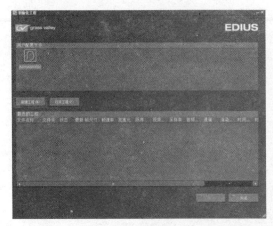

图 4 - 14   图 4 - 15

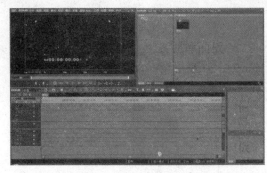

图 4 - 16

　　(2)点击如图 4 - 17 所示素材面板中的"　　"按钮,添加所需要的视频、音频或图片等素材,添加的素材会在素材库中显示。将视频"小视频",音频"流水"、"喷泉"、"抒情旋律",图片"意向"添加到素材库中,如图 4 - 18 所示。

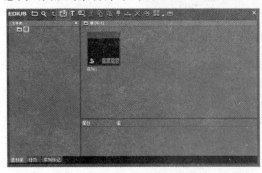

图 4 - 17   图 4 - 18

　　(3)首先,鼠标左键单击"小视频"素材并拖动,将视频素材托至视频轨道中,同样方法,将"喷泉"素材托至音频轨道中,如图 4 - 19 所示。

图 4-19

技术要点：图 4-19 中左下角红色线框中标出的"目"表示此轨道为"视频轨道"，"目"表示此轨道为"视音频轨道"，"T"表示此轨道为"字幕轨道"，"◀》"表示此轨道为"音频轨道"。

（4）点击视频播放窗口中的" ▷ "按钮，浏览视频，在播放到喷泉的位置附近时暂停播放并在该位置的音频轨道上拖入"喷泉"音频素材，可拖入多个"喷泉"音频，使视频播放到喷泉附近至离喷泉有一定距离时都可以听到该音频，如图 4-20 和图 4-21 所示。

图 4-20 图 4-21

技术要点：图中红线内部的三角形及竖线（时间限制针）显示视频播放的位置，会随着视频的播放而移动，可以通过鼠标左键单击并左右拖动来快速移动到要编辑的位置。

（5）用同样的方法，将整个视频中有喷泉的位置附近拖入"喷泉"音频。因为视频中的场景较小，在整个视频中都可以听到水的声音，因此，在另一个音频轨道中拖入"流水"音频，使其从视频的起点一直延续到视频的终点（在轨道中长度与视频在轨道中的长度相等）。如果音频时间长度太短，可以依次拖入多个，如图 4-22 和图 4-23 所示。

 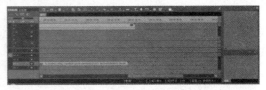

图 4-22 图 4-23

4.4 音频的编辑

（1）单击"喷泉"音频所在轨道上如图 4-24 所示位置的三角形按钮。单击"◀》"下面的按钮切换成"**VOL**",如图 4 - 25 所示。

图 4 - 24   图 4 - 25

（2）鼠标移动到音频下面红线上的白点处,鼠标箭头变为"　　"时,单击并上下拖动调整此位置音量的大小起伏,鼠标移动到红线的任意位置,鼠标箭头变为"　　"时,单击并上下或左右拖动,可调节音频的音量大小及起伏位置。将所有的音频文件通过此方法进行调节,一边调节一边播放视频,直至调节到自己感觉理想的效果。如图 4 - 26 所示为编辑好的音频的一部分。

图 4 - 26

技术要点:如图 4 - 26 中红色小矩形所示,尽可能使前面音频和后面音频的小白点连成一个圆点,这样两个音频之间的连接会比较自然。

（3）如果音频轨道数量不够用,可以在音频轨道前面单击鼠标右键,选择"添加"→"在上方添加音频轨道"/"在下方添加音频轨道",如图 4 - 27 所示,任意选其中一项,弹出如图 4 - 28 所示窗口,在数量项中输入要添加的音频轨道数量,单击确定即可。

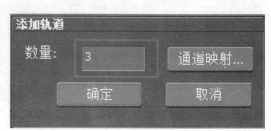

图 4 - 27   图 4 - 28

（4）将"抒情旋律"音频文件作为背景音乐，拖放至另一个音频轨道中，使其时间从始点一直延续到终点。如果音频文件的时间大于视频的时间，可以单击时间限制针的三角形并拖动位置至视频结束位置，时间限制针会自动吸附，此时松开鼠标即可，如图 4-29 所示，然后，在轨道上单击选中该音频，按下 M 键即可将超出部分剪切掉，如图 4-30 所示。

图 4-29　　　　　　　　　　　　　　　　　图 4-30

（5）对"抒情旋律"音频进行调节。在视频播放到有喷泉的位置附近时，调节其音量逐渐降低，离喷泉最近时，音量降低至几乎听不见，只听见喷泉的声音，随着视频的播放，在离喷泉越来越远时，调节其音量越来越高，但不要太高，调到听起来感觉舒适不刺耳即可。视频播放到结尾时，可以使音量逐渐降低甚至消失，如图 4-31 所示。

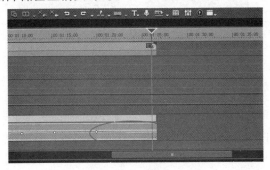

图 4-31

技术要点：在调节音频时，尽量使红线圆滑，避免大起大落，这样音频播放时比较平缓，过渡比较自然。

4.5　添加视频出入点特效

（1）单击素材库面板左下角"特效"按钮，打开特效面板。单击"＋ 图 转场"前面的"＋"按钮，打开转场，如图 4-32 所示。单击转场下面的"图 2D"按钮，打开 2D 特效，选择其中的"溶化"特效，如图 4-33 所示。

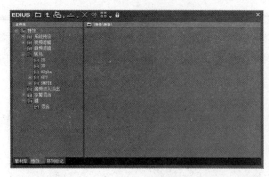
图 4 - 32

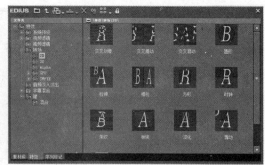
图 4 - 33

（2）将"溶化"特效分别拖至视频的开始位置和结束位置，如图 4 - 34 所示。

图 4 - 34

（3）将鼠标移动到开始位置的"溶化"特效后面，鼠标箭头变为箭头右下方一个方括号中间一个双向箭头时，单击并向右拖动。拖动时鼠标下面会显示该特效的延续时间，拖动 2 秒左右即可。用同样方法将结束位置的"溶化"特效向左拖动 3 秒左右，如图 4 - 35 所示。这样，视频在开始和结束时就会有渐出和渐隐的效果。

图 4 - 35

4.6 画中画及其设置

（1）在视频所在轨道的左侧，单击右键选择"添加"选项中的"在上方添加视频轨道"，在弹出的窗口中单击确定，在视频的上方添加一个视频轨道，如图 4-36 所示。

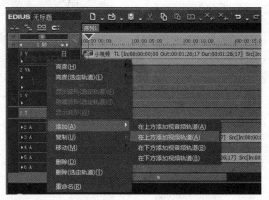

图 4-36

（2）将素材库中的"意向"图片拖至刚添加的视频轨道上，鼠标单击按住拖入图片的左端向左拖动一定长度，设置画中画在视频中显示的时间，如图 4-37 所示。

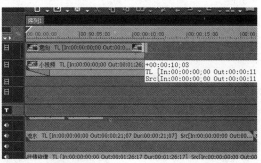

图 4-37

（3）打开素材面板中的特效，单击"键"，选择其中的"画中画"，将"画中画"拖至添加的图片下面，如图 4-38 和图 4-39 所示。

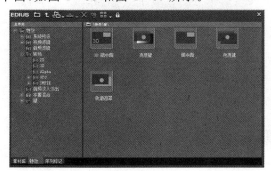

图 4-38

图 4-39

（4）双击信息面板中的 ☑ ▣ 画中画 ，打开画中画的编辑窗口，如图4－40所示。

（5）调整画中画的"位置大小"，位置为左103/上98，大小为宽度184/高度104，如图4－41所示。

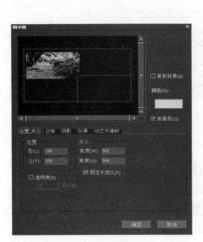

图4－40   图4－41

（6）打开"阴影"选项，勾选"启用"，设置位置为左20/上－10，单击颜色后面的颜色，在弹出的窗口中选择蓝色后单击确定，如图4－42所示。

（7）打开"效果"选项，勾选"启用"，勾选"入点"设为75帧，效果为"溶解"，勾选"出点"设为75帧，效果为"向左飞入"，如图4－43所示。单击确定完成画中画设置。视频播放时，屏幕左上角就会显示画中画的效果。

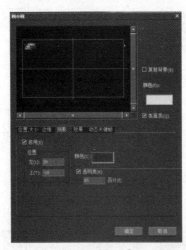

图4－42   图4－43

4.7　字幕的创建

（1）在素材库空白处单击鼠标右键，选择"添加字幕"，弹出字幕编辑窗口，如图4－44所示。

图 4-44

（2）将背景属性中的字幕类型设为"滚动（从下）"，单击右侧工具栏中的 **T**，然后在字幕中输入文字。输入完毕后，在左侧的文本属性中，将字体设为"宋体"，字号设为"72"，点选"横向"和"居中"。在填充颜色中，方向设为"45"，颜色设为"3"，并将前三个颜色框分别单击，选择为红色、橙色、黄色。单击窗口上的保存按钮，创建的字幕就会显示在素材面板的素材中，如图 4-45 所示。

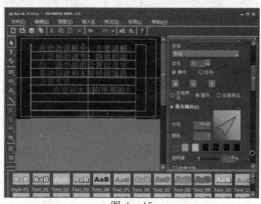

图 4-45

技术要点：在输入文字时注意不要超出向里第二个大矩形框，否则，在播放视频时，超出的部分将无法显示出来。

（3）将素材库中创建好的字幕拖到字幕轨道中，使字幕的末端与视频的末端对齐，单击拖动轨道中字幕的左端，拖动长度约 7 秒，如图 4-46 所示。此时，视频在播放到字幕位置时，字幕就会从视频的下面向上滚动。

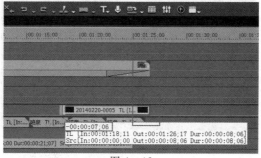

图 4-46

4.8　末屏停留的设置

　　(1)将时间线指针拖到字幕的最后部分,如图 4 - 47 所示。右键点击字幕选择"标题详细设置"。将结束项设置为"位置",出点中设置最后一屏停留的帧数为 75 帧(3 秒)。单击并上下拖动如图 4 - 48 所示红色圆圈内的数字,调节屏幕中字幕停留的位置。

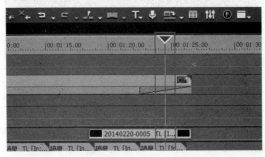

图 4 - 47

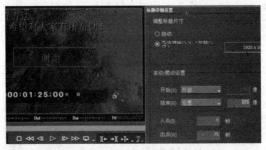

图 4 - 48

　　(2)最后,打开素材面板中的"特效",单击"字幕混合"将其中的"淡入淡出"拖到字幕的末端上松开鼠标,给字幕添加一个淡入淡出的效果。

4.9　视频输出

　　(1)在"文件"菜单的"输出"中选择"输出到文件",选择"AVCHD"中的第一种格式,如图 4 - 49所示。

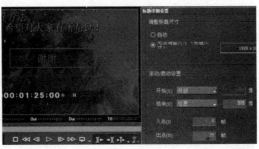

图 4 - 49

(2)点击"输出"按钮,选择输出路径,输入文件名,点击"保存"即开始输出视频文件,如图 4-50 所示。待输出进程窗口关闭即完成输出。

图 4-50

参考文献

[1] 麓山. 中文 SketchUp8.0 完全自学手册. 北京希望电子出版社,2012.

[2] 王芬,马亮,边海,夏海燕. 印象 SketchUp 园林景观设计项目实践. 北京：人民邮电出版社,2012.

图书在版编目(CIP)数据

景观效果图与手绘/车俊英主编. —西安:西安
交通大学出版社,2014.10
ISBN 978 - 7 - 5605 - 6710 - 5

Ⅰ.①景… Ⅱ.①车… Ⅲ.①景观设计-绘画
技法 Ⅳ.①TU986.2

中国版本图书馆 CIP 数据核字(2014)第 201530 号

书　　名	景观效果图与手绘	
主　　编	车俊英	
责任编辑	赵怀瀛	
出版发行	西安交通大学出版社	
	(西安市兴庆南路 10 号　邮政编码 710049)	
网　　址	http://www.xjtupress.com	
电　　话	(029)82668357　82667874(发行中心)	
	(029)82668315　82669096(总编办)	
传　　真	(029)82668280	
印　　刷	陕西宝石兰印务有限责任公司	
开　　本	787mm×1092mm　1/16　印张 12.125　字数 290 千字	
版次印次	2015 年 1 月第 1 版　2015 年 1 月第 1 次印刷	
书　　号	ISBN 978 - 7 - 5605 - 6710 - 5/TU · 133	
定　　价	27.00 元	

读者购书、书店添货,如发现印装质量问题,请与本社发行中心联系、调换。
订购热线:(029)82665248　(029)82665249
投稿热线:(029)82668133
读者信箱:xj_rwjg@126.com